高技能人才培养创新示范教材

Gongcheng Jixie Fazhan Gailun

工程机械发展概论

主　编　李庭斌　钱星宇
副主编　罗亚利　龚明华
主　审　张宏春

人民交通出版社股份有限公司
China Communications Press Co.,Ltd.

内 容 提 要

本书是高技能人才培养创新示范教材，主要内容包括工程机械概述、挖掘机械、铲运机械、起重机械、压实机械、混凝土机械和路面施工机械。

本书可作为中职院校工程机械运用与维修专业的入门教材，同时可供相关技术人员学习参考。

图书在版编目（CIP）数据

工程机械发展概论／李庭斌，钱星宇主编．—北京：人民交通出版社股份有限公司，2015.11

高技能人才培养创新示范教材

ISBN 978-7-114-12535-5

Ⅰ.①工… Ⅱ.①李… ②钱… Ⅲ.①工程机械—教材 Ⅳ.①TU6

中国版本图书馆 CIP 数据核字（2015）第 243269 号

书　　名：工程机械发展概论
著 作 者：李庭斌　钱星宇
责任编辑：戴慧莉
出版发行：人民交通出版社股份有限公司
地　　址：（100011）北京市朝阳区安定门外外馆斜街 3 号
网　　址：http://www.ccpress.com.cn
销售电话：（010）59757973
总 经 销：人民交通出版社股份有限公司发行部
经　　销：各地新华书店
印　　刷：北京市密东印刷有限公司
开　　本：787×1092　1/16
印　　张：9.75
字　　数：230 千
版　　次：2015 年 11 月　第 1 版
印　　次：2015 年 11 月　第 1 次印刷
书　　号：ISBN 978-7-114-12535-5
定　　价：24.00 元

前言
Preface

为贯彻落实《国家中长期教育改革和发展规划纲要(2010－2020年)》精神,按照《国家高技能人才振兴计划》的要求,深化职业教育教学改革,积极推进课程改革和教材建设,满足职业教育发展的新需求,着重高技能人才的培养,依据公路工程机械运用与维修、工程机械技术服务与营销和工程机械施工与管理三大专业的教学计划和课程标准,我们组织行业专家及各校一线教师编写了这套补充教材。

本套教材适用于公路工程机械类专业高级工和技师层次全日制学生培养及社会在职人员培训,具有以下特点:

(1)本套教材开发基于实际工作岗位,通过提炼典型工作任务,形成专业课程框架、教学计划及课程标准,切合职业教育教学的特点,符合培养技能型人才成长的规律。

(2)本套教材在编写模式上部分实践性较强的课程采用了任务引领型模式进行编写,有利于任务驱动式教学方法的使用,便于培养学生自我学习、收集信息、解决问题等方面的核心能力。

(3)本套教材在内容选取方面多数课程打破了传统教材学科知识体系的结构,但也考虑了知识和技能的连贯性和整体性,同时也保持了知识和技能选取的先进性、科学性和实用性。

《工程机械发展概论》属于公路工程机械运用与维修、工程机械技术服务与营销和工程机械施工与管理三大专业的必修课程,也是这三大专业的基础课程。本书介绍了工程机械的发展史及其文化内涵,重点介绍了各种现代典型工程机械的发展历史、发展现状以及未来的发展趋势,根据机型介绍国内外一些著名工程机械企业及其企业的发展历程和文化精神等,帮助学生了解工程机械发展及其文化,吸引学生走进工程机械的世界,内容有较强的趣味性和实用性。

本教材由浙江公路技师学院李庭斌、钱星宇担任主编,罗亚利、龚明华担任副主编,江苏交通技师学院张宏春担任主审。具体编写情况如下:第一章、第三章由李庭斌编写,第二章由罗亚利编写,第四章由龚明华编写,第五章至第七章由钱星宇编写。在编写过程中得到了徐工集团、三一重工、厦工、柳工等工程机械厂商及专家的支持与帮助,在此表示感谢。

由于编审人员的业务水平和教学经验有限,书中难免有不妥之处,恳切希望使用本书的教师和读者批评指正。

编　者
2015 年 4 月

目 录
Contents

第一章 工程机械概述

学习目标

1. 能正确描述工程机械的概念和分类；
2. 能正确描述工程机械型号编制方法和型号含义；
3. 能简述工程机械的地位和作用，能描述工程机械的发展趋势。

第一节 工程机械概念

何谓工程机械呢?

我国工程机械工业协会关于工程机械的定义如下:工程机械是用于工程建设的施工机械的总称,概括地说,凡土石方施工工程、路面建设与养护、流动式起重装卸作业和各种建筑工程所需的综合性机械化施工工程所必需的机械装备,称为工程机械。它主要用于国防建设工程、交通运输建设,能源工业建设和生产、矿山等原材料工业建设和生产、农林水利建设、工业与民用建筑、城市建设、环境保护等领域。

20 世纪 60 年代以前,我国建设工程机械化施工用的设备既少又落后,因而使用部门机械化施工水平很低。在计划经济条件下,当时机械制造部门只安排少数矿山机械制造厂和起重运输机械制造厂兼产一小部分技术性能一般化的工程机械产品。随着各种建设施工技术的发展,机械制造部门生产的工程机械产品满足不了用户的要求,有关使用部门被迫利用修理厂生产部分简易的施工机具和设备自用,并根据各自不同的使用特点确定了不同的名字。那时,建筑工程系统需要的一部分工程机械称为建筑与筑路工程机械(简称筑路机械);铁道系统需要的一部分工程机械称为线路工程机械(简称线路机械);水电系统需要的一部分工程机械称为水利工程机械(简称水工机械);在各种矿山现场使用的工程机械一般称为矿山工程机械。尽管各部门所需的产品重点不同,但都是为土方工程、石方工程、不受地点限制的起重装卸工程、人货升降输送工程以及各种建筑工程机械化施工和相应生产过程的作业服务的,在国际上均属于同一大类机械产品。1960 年,国务院和中央军委联合决定，第一机械工业部负责组织并加速发展为军委工程兵、铁道兵和民用部门工程施工用的机械设备；发展方针是以军为主，兼顾民用。当时，国家计委、国家经委、国家科委会同第一机械工业部研究发展方案时，首先要给这一类设备统一命名。经过讨论，决定把各部门命名的专用形容词去掉，统称为“工程机械”。

在世界各国，虽然对该行业确定的产品范围互有差异，但对这个行业的称谓基本类同，其中美国和英国称为建筑机械与设备、德国称为建筑机械与装置、俄罗斯称为建筑与筑路机械、日本称为建设机械。

第二节　工程机械分类

我国工程机械在发展历程中的分类一度比较混乱，曾经划分为12大类、16大类和18大类等。2011年，中国工程机械工业协会制订并实施分类标准，该标准将工程机械划分为20大类，使之适用于中国工程机械工业协会会员范围内的工程机械的生产、管理、科研、教学、使用和维修。这20大类分别是：挖掘机械、铲土运输机械、起重机械、工业车辆、压实机械、路面施工与养护机械、混凝土机械、掘进机械、桩工机械、市政与环卫机械、混凝土制品机械、高空作业机械、装修机械、钢筋及预应力机械、凿岩机械、气动工具、军用工程机械、电梯与扶梯、工程机械配套件以及其他专用工程机械。

《工程机械定义及类组划分》（GXB/TY 0001—2011）是中国工程机械行业发布实施的第一个行业协会标准，由中国工程机械工业协会组织协会各专业分支机构及行业相关专家历时近十个月的时间共同努力编制完成，凝聚着行业专家们的智慧和心血。该标准的出台，改变了原有工程机械18大类的分类，并在此基础上又增加了新的类别，丰富拓展了工程机械产品定义，具有划时代的意义。

第三节　工程机械（国产）产品型号编制方法

根据《工程机械　产品型号编制方法》（JB/T 9725）规定的原则为：产品型号按类、组、型分类原则编制，以简明易懂、同类间无重复型号为基本原则。产品型号的构成，如图1-1所示。

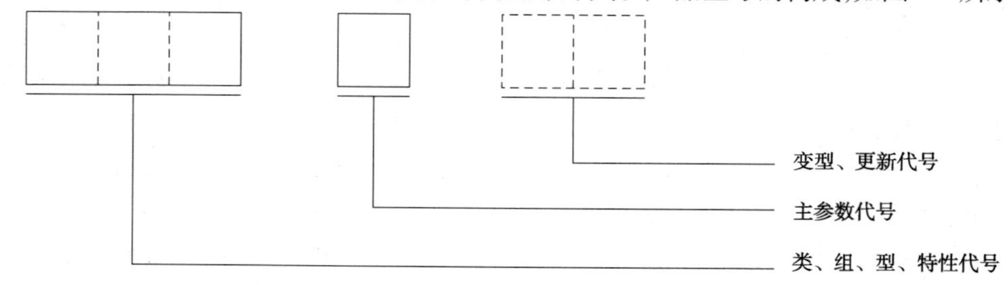

图1-1　产品型号示例

一、产品型号编制要求

（1）类、组、型代号与特性代号均用大写印刷体汉语拼音字母表示，该字母应是类、组、型与特性名称中有代表性汉语拼音字头。如与同类中其他型号有重复时，也可用其他字母表示。

(2)主参数用阿拉伯数字表示。

(3)当产品结构有重大改革,需要重新试制和鉴定时,其变型或更新代号用大写汉语拼音字母A、B、C…表示,置于原产品型号的尾部,以区别于原型号。

(4)当产品的主参数、动力性能等有重大改变时,则应改变产品型号。

二、产品型号应用示例

(1)WY25型挖掘机,表示整机质量为25t的履带式液压单斗挖掘机。

(2)QTZ80型起重机,表示额定起重力矩为80t·m(800kN·m)的上回转自升塔式起重机。

(3)GX7型铲运机,表示铲斗容量为7m^{3}的自行轮胎式铲运机。

(4)3Y12/15型压路机,表示结构质量为12t,加载后质量为15t的三轮压路机。

(5)JZ150型搅拌机,表示额定容量为150L的电动锥形反转出料混凝土搅拌机。

(6)TPL3000型摊铺机,表示摊铺宽度为3000mm的轮胎式沥青摊铺机。

(7)WUD400/700型挖掘机,表示生产率为400~700m^3/h的电动轮斗挖掘机。

(8)T100型推土机,表示功率为73.5kW的履带式机械推土机。

(9)ZL30A型装载机,表示额定载重量为3t,第一次变型的轮胎式液力机械装载机。

(10)PQ120型平地机,表示功率为88.2kW的全液压平地机。

以上几款机型编号均是按照国家机械行业标准来编制的,但是市场上不同厂家有不同的编制标准,如龙工平地机型号有LG1165、LG1185、LG1220。其中,LG主要用于国内市场,就是龙工的缩写;CMD主要用于国际市场。型号中第一个"1"表示平地机代号,后3个阿拉伯数字是表示发动机功率。

下面再举一个挖掘机的例子,以便大家对机型编号有进一步了解。

卡特彼勒320D中的320,前面的3表示的是挖掘机,卡特彼勒每个不同产品都用不同的数字来表示,这也是卡特彼勒和日本工程机械厂家不同的地方,例如"1"是平地机、"7"是铰接式卡车、"8"是推土机、"9"是装载机。

同理,日本品牌挖掘机前面的字母代表的也是该厂家的挖掘机代号,如小松的产品型号中PC为挖掘机、WA为装载机、D为推土机。日立的挖掘机代号为ZX、斗山的挖掘机代号为DH、神钢为SK。

320D中的20代表的是挖掘机的吨位,该挖掘机的吨位为20吨级。PC200－8中,200的意思也是20吨级的意思,DH215LC－7中215为21.5t的意思,以此类推。

320D后面的字母D表示的则是产品的系列,卡特彼勒现在最新系列是E系列产品。PC200-8,－8表示的是第8代的产品,但是国内一些厂家因为从事工程机械产品生产的时间还不长,可能直接就从－7、－8开始了,所以这个数字表示的含义对国内很多厂家来说可能并无很多意义。

以上就是一个挖掘机型号的基本组成,即代表挖掘机的数字或字母＋挖掘机的吨位＋挖掘机的系列/挖掘机第几代。现代挖掘机SUPER215-7型号,如图1-2所示。

另外,有些国外厂家为了适应我国的具体工况,或者一些厂家专门生产的针对特定工况的产品在型号中也会有表示,例如DH215LC－7,其中LC表示的含义是加长履带,一般用于施工地面松软的工况。320DGC 中 GC 的意思是“普通建设”,包括土方工程、河坝采砂石(密度比不能太高)、高速公路建设、一般铁路建设,而在采石场等环境下则是不适合的。卡特彼勒 324ME 中 ME 表示的则是大容量配置,包括短的大臂及加大斗。

很多挖掘机型号中都带有 L 的字样,这个 L 指的是加长型履带,目的是加大履带与地面的接触面积,一般用于施工地面松软的工况。卡特彼勒 320DL 型挖掘机,如图 1-3 所示。

图 1-2　现代 SUPER215-7 型挖掘机

图 1-3　卡特彼勒 320DL 型挖掘机

LC 是挖掘机中更为常见的符号,所有品牌都有 LC 款式的挖掘机,如小松 PC200LC-8、斗山 DX300LC-7、玉柴 YC230LC-8、神钢 SK350LC-8、大宇 DH220LC-7(图 1-4)等。这里的 LC 表示该机型采用加长加宽履带,目的同样是为了增大与地面的接触面积,一般用在施工地面松软的工况。

在日立建机的挖掘机型号中,常常可以看到类似于 ZX360H-3 一类的标识,这里的 H 表示重载型,一般用在矿山工况中。在日立建机的产品中,H 型采用了强度增大的回转平台和下部行走体,标配岩石铲斗和前段工作装置。日立挖掘机型号示例,如图 1-5 所示。

图 1-4　大宇挖掘机

图 1-5　日立挖掘机

第四节　工程机械行业在国民经济中的地位

工程机械行业是我国装备制造业中一个最重要的子行业。而装备制造业是为国民经济各行业提供技术装备的战略性产业,产业关联度高、吸纳就业能力强、技术资金密集,是各行业产业升级、技术进步的重要保障和国家综合实力的集中体现。在 2011 年国务院出台的《装备制造业调整和振兴规划》中要求，全面提高重大装备技术水平，满足国家重大工程建设和重点产业调整振兴需要。新的规划与2006年《国务院关于加快振兴装备制造业的若干意见》相比较，基础产业的装备制造业已上升为战略产业。装备制造业已成为拉动国民经济快速增长的主要动力。

从2008—2012年工程机械行业工业总产值占GDP比重来看，工程机械行业对GDP的贡献呈递增的趋势，见表1-1。

2005—2011年工程机械行业工业总产值占GDP比重 表1-1

年　份	国内生产总值（亿元）	增长率（%）	工程机械行业工业产值（亿元）	增长率（%）	工业产值比重
2008年	316751.75	9.62	1925.34	40.81	0.64
2009年	345629.23	9.24	2586.49	22.60	0.75
2010年	408902.95	10.63	3980.48	49.64	0.97
2011年	484123.50	9.49	5102.98	28.20	1.05
2012年	534123.04	7.75	6018.34	17.94	1.13

表1-2从对国民经济贡献、产业战略规划、相关行业影响、工业化水平角度来分析工程机械行业的作用和贡献。

工程机械行业的作用和贡献 表1-2

角　度	作　用　和　贡　献　分　析
对国民经济贡献	作为装备制造业中最重要子行业的工程机械行业，在国民经济中有着战略性地位，其对国民经济的作用和贡献越来越大。2011年1～11月，工程机械行业工业产值达到2568.49亿元，占国内生产总值的0.84%。在吸纳劳动力方面，工程机械行业也有较大贡献，2011年1～11月，工程机械行业累计全部从业人员平均人数28.16万人，考虑到实际生产中的情况，相关的从业人员实际数量大于统计数量
产业战略规划	为了振兴我国装备制造业，2011年2月4日，国务院审议并通过装备制造业调整振兴规划，5月12日国务院办公厅发布装备制造业调整和振兴规划实施细则。根据规划纲要精神，工程机械制造业3年内振兴规划也随之出台。规划将利于工程机械等装备制造相关领域的产业升级、技术进步、市场优胜劣汰以及关键零部件突破技术瓶颈
相关行业影响	我国经济发展水平的提高导致消费结构升级，从而带动了相关产业结构升级，工程机械行业是为国民经济发展和国防建设提供技术装备的基础性产业，其品种、数量和质量直接影响一个国家生产建设的发展
工业化水平提高	近两年我国工业化进程中呈现出重化工业发展的趋势，但大量的投资趋向于产业链中靠近能源原材料的一端，出现了钢铁、氧化铝、水泥等行业投资过热的情况。由于大量地消耗能源，造成环境污染，致使大家对中国工业选择什么样的道路进行了很多争论。其实，真正体现一个国家的实力、在产业链上带动性强的，是装备制造业

第五节 国内外工程机械发展趋势

一、国外工程机械发展趋势

近年来，随着建筑施工和资源开发规模的扩大，对工程机械的需求量迅速增加，因而对其可靠性、维修性、安全性和燃油经济性也提出了更高的要求。随着微电子技术向工程机械的渗透,现代推土机日益向智能化和机电一体化方向发展。自20世纪90年代以来,国外工程机械进入了一个新的发展时期,在广泛应用新技术的同时,不断涌现出新结构和新产品。继完成提高整机可靠性任务之后,技术发展的重点在于增加产品的电子信息技术含量和智能化程度,努力完善产品的标准化、系列化和通用化,改善操作人员的工作条件,向节能、环保方向发展。

1. 系列化、特大型化

系列化是工程机械发展的重要趋势。国外著名大公司逐步实现其产品系列化进程,形成了从微型到特大型不同规格的产品。与此同时,产品更新换代的周期明显缩短。所谓特大型工程机械,是指其装备的发动机额定功率超过746kW(1000hp)。它们主要用于大型露天矿山或大型水电工程。产品特点是科技含量高、研制与生产周期较长、投资大、市场容量有限,市场竞争主要集中在少数几家公司。以装载机为例,目前仅有马拉松・勒图尔勒、卡特彼勒和小松—德雷塞这三家公司能够生产特大型装载机。

2. 多用途、超小型化、微型化

为了全方位地满足不同用户的需求,国外工程机械在朝着系列化、特大型化方向发展的同时,已进入多用途、超小型化、微型化发展阶段。推动这一发展的因素首先源于液压技术的发展——通过对液压系统的合理设计,使得工作装置能够完成多种作业功能;其次,快速可更换连接装置的诞生——安装在工作装置上的液压快速可更换连接器,能在作业现场完成各种附属作业装置的快速装卸及液压软管的自动连接,使得更换附属作业装置的工作在驾驶室通过操纵手柄即可快速完成。一方面,工作机械通用性的提高,可使用户在不增加投资的前提下充分发挥设备本身的效能,能完成更多的工作;另一方面,为了尽可能地用机器作业替代人力劳动,提高生产效率,适应城市狭窄施工场所以及在货栈、码头、仓库、舱位、农舍、建筑物层内和地下工程作业环境的使用要求,小型及微型工程机械有了用武之地,并得到了较快的发展。为占领这一市场,各生产厂商都相继推出了多用途、小型和微型工程机械。如卡特彼勒公司生产的微型综合多用机、克拉克公司生产的"山猫"牌产品等。目前,国际上推出微型工程机械的公司主要有:小松(Komatsu)、凯斯(Case)、德事隆(Textron)等公司。卡特彼勒公司也成了国际微型工程机械的带头人,涉及的产品主要有:挖掘机、挖掘装载机、振动压路机、冲击锤、高空作业车等,其中最小的挖掘机斗宽为200mm,车宽小于1m。

3. 多功能化

多功能化作业装置改变了单一作业功能,多种作业已从中、大型工程机械应用的局限中解脱出来,在小型和微型工程机械上也开始了应用。如卡特彼勒公司在926G型轮式装载机基础上开发出的IT62G就具有快速连接装置,操作人员可在驾驶室里完成更换不同作业装置的动作,如更换铲叉、抓斗、卸载斗、扫雷装置、路面清扫装置、破碎装置等。

4. 微电子技术、信息技术的普及和应用

利用GPS(全球定位系统)、GIS和GSM技术,卡特彼勒将其计划命名为采矿铲土运输技术系统(METS)。METS包括多种多样的技术产品,如无线电数据通信、机器监测、诊断、工作与业务管理软件和机器控制等装置。METS由以下3部分组成:

(1)计算机辅助铲土运输系统(CAES),包括机载计算、cm 级 GPS 微波定位和高速无线电通信 3 项技术。在运行中,机载系统通过无线电接收整个无线网络中的铲土运输数据、工程数据或现场规划数据。这些数据都显示在驾驶室内的一个屏幕上,操作人员在驾驶室内能直观地了解机器的作业位置,并准确地判断需要挖掘、回填或装载的土方量。

(2)关键信息管理系统(VIMS)。VIMS 系统监测机器中极其关键的性能与作业参数,并且通过无线电将数据从该机器传送到业主办公室。业主可立即分析数据以便估量机器的当前状态,或加以收集和整理,以便显示机器的作业趋势。

(3)CAES office 软件。这种软件与来自装有 CAES 的机器的数据相结合,产生一个集成的作业模型,使业主能在接近实时条件下对现场或远处监控各种作业。GPS 导航系统与电子地图、无线电通信网络及计算机车辆管理信息系统相结合,可以实现车辆跟踪和交通管理等许多功能,这些功能包括:利用 GPS 和电子地图可以实时显示出车辆的实际位置,并任意放大、缩小、还原、换图;可以随目标移动,使目标始终保持在屏幕上;还可实现多窗口、多车辆、多屏幕同时跟踪。利用该功能可对重要车辆进行跟踪,完成施工工地信息的地貌高精度测量、多目标采集数据的事后回放、显示记录的功能。

沃尔沃建筑设备公司推出的 B 系列自行式平地机操作环境的神经中枢是 Contronic 监控系统——VOLVO 独有的多功能系统。它可以使操作人员了解该机所有功能的运行状况,其中包括发动机的转速和温度、燃料料位、工作速度、过滤器阻塞情况、差速器锁紧/脱开,以及其他许多信息。Contronic 不仅可以使操作人员随时了解其操作的平地机发生了什么情况,而且还储存了所有的操作数据以供维修技术人员下载。得到这些信息后,技术人员使用 VCADSPro(VOLVO 计算机辅助诊断系统专家)访问该数据,以便进行维修、诊断和性能分析。采用这套系统,操作人员可以在零部件失效前采取措施,并在发生故障时诊断出故障的原因。这套系统的主要功能就是保持平地机处于最佳状态,从而延长机器的使用寿命。

目前,卡特彼勒公司、模块采矿系统公司、Leica 和 Trimble 导航设备有限公司均可独立提供基于 GPS 的推土机定位系统,大大提高了推土机的作业生产率。

卡特彼勒的 DOZSIM1.5 是一种极易使用的计算机程序,可计算推土机的作业生产率。该软件包与 Windows 兼容,采用 3D 模拟技术分析推土距离、坡度、工厂设计参数,并可输出总土方量(压实或松散)、每趟移走的土方量、每小时移走的土方量、每趟总耗时、每趟总成本、总系统生产率等大量信息。计算机精度高于 CAD 系统。Leica 采用 GPS 技术的 Dozer2000 导航系统,在无需勘察标桩的情况下,允许操作人员精确地控制推土机的推土板和机器的位置,实现虚拟推土作业。

模块采矿系统公司的推土机定位系统有助于操作人员完成诸如调整坡度与推土任务。驾驶室内安装有图像控制台,向操作人员显示机器在作业区内的位置,并实时显示关键作业参数,如推土板角度或被移动的土方体积。

特林布尔(Trimble)的产品是 SiteVision GPS,可实现坡度的精确控制,驾驶室内可视化显示系统指导操作人员精确作业,精度可达 cm 级。

5. 节能与环保

为提高产品的节能效果和满足日益苛刻的环保要求,国外工程机械公司主要从降低发动机排放、提高液压系统效率和减振、降噪等方面入手。目前,卡特彼勒公司生产功率为15~150kW的柴油发动机。其中,6缸、7.2L、自重588kg、功率为131~205kW的3126B型环保指标最好,满足EPATierⅡ和EUStageⅡ排放标准。卡特彼勒3516B型发动机装有电子喷射装置及ADEM模块,可提高22%的喷射压力,便于燃油完全、高效燃烧,燃烧效率可提高5%,NO_x下降40%,转矩增加35%。个别厂家生产的工程机械产品,机外噪声已降至72dB(A)。绿色环保型工程机械理念已经显露。人机工程学、无污染绿色施工等成为人们的共识。

近几年来,国外装载机的设计和制造进一步体现了以人为本的理念,要为操作人员提供一个更加舒适的环境,以达到他们称之为全自动化型的境地。根据人体工程学设计了座椅、操纵台、环保型的低噪声发动机,赏心悦目的流线型驾驶室。大中型装载机驾驶室普遍采用翻车保护机构(ROPS)和落物撞击保护机构(FOPS),室内安装空调装置;采用防尘、减振和隔音材料;按人机工程学设计的操作人员座椅可全方位调节,有的已达轿车座椅的舒适程度,座椅右侧还设计有摆放饭盒、水瓶及其他物品的地方,操作台上安装AM/FM立体声盒式磁带收录机,为操作人员安全作业提供音频和视频信号。有的还安装网络电话等,极大地提高了作业的舒适性。

6.计算机管理及故障诊断、远程监控系统及整机智能化

以微电子、Internet为重要标志的信息时代,不断研制出集液压、微电子及信息技术于一体的智能系统,并广泛应用于工程机械的产品设计之中,进一步提高了产品的性能及高科技含量。

工程机械集成化和操作与智能控制技术主要包括:电液控制自动换挡变速器技术、机电一体化控制技术、负荷传感全功率控制技术和可编程控制与遥控及无人操作技术等。动力换挡变速器包括液压式和电液式,负载传感全功率控制是一个具有压差的反馈伺服控制系统,TQ160A型全液压履带式推土机采用了先导液压控制系统,小松、卡特彼勒和神钢采取了根据不同作业模式选择不同节气门开度和泵排量的分工况控制,还有的采用负荷传感技术进行控制,如Danfoss公司的PVG120负荷传感型比例控制阀已经成功应用于推土机的设计,提高了控制精度。此外,比例控制技术和伺服控制技术也在高精度工程机械控制中得到了广泛应用。在控制策略方面,有的学者对工作装置前馈控制的理论和必要性进行了研究。神经网络和模糊控制由于其对解决复杂系统和不确定系统的独特优势,被引入工程机械的工作装置控制中,各种控制方法结合而成的新的控制策略也有成功应用的例子。

例如,卡特彼勒公司20世纪90年代开发的F系列和G系列装载机都安装有电子计算机监控系统(CMS),用以取代E系列装载机上安装的电子监控系统(EMS)。其操作台上装有条形液晶显示屏,微机监控系统具有能同时监控发动机燃油液面高度、冷却液温度、变速器油温和液压油温等11种功能。该监控系统还具有故障诊断能力,并可向操作人员提供三级报警。1998年推出的Cat950G计算机监控系统还配备有Cat指导诊断系统和以维修工具为基础的Cat软件包,使维修人员坐在汽车里用笔记本电脑就能迅速而容易地诊断和排除故障。Cat992G在监控装载机各功能状况并作出诊断的同时还能把这些信息数据作为履历记录下来,无线传送到办公室用计算机进行分析,从而做到将电气、机

械故障防患于未然。Cat994D 安装了关键信息管理系统(VIMS),可密切监视机器的运行状态并诊断故障。LeToumeau 集成网络控制系统通过显示在机载计算机屏幕的出错信息,提示操作人员出错原因,并采用三级报警灯光信号(蓝、淡黄、红)表示发动机、液压系统、电气和电子系统的各种状态。目前,该系统已安装在 L1350 型矿用装载机上。

沃尔沃公司的 L 系列装载机上也安装有 Matris 软件包,用以监控和分析装载机的工作状态;其小型装载机上配有电子伺服控制及信息系统(ESIS),由液晶显示屏和键盘组成,用来显示和记录各种信息,其自动诊断功能记录机器故障并储存所有相关信息,通过编码可以防盗。

凯斯(Case)公司 21B、C 系列装载机也采用计算机监控系统,其微处理器安装在操作人员座椅的右侧,也具有故障诊断和工作状态液晶显示功能。

推土机上采用电子监测系统(EMS)和电子复合控制装置(即履带打滑控制系统),逐步实现机电一体化。EMS 可严密控制机器各主要功能的变化,了解故障发生的部位,防止操作人员误操作,保证作业安全。电子复合控制装置可把履带滑移量控制到最低限度,提高履带行走装置的寿命,降低油耗,提高生产率。装载机上采用计算机控制的发动机管理系统,发动机的输出功率可根据载荷的要求调节,减少动力损失,节约燃料,提高发动机寿命。另外,装载机上可安装电控式或微机控制的自动换挡变速器,以及电子称量、电子消声器、计算机监控等装置,简化操作、确保安全。铲运机上采用微机处理机控制变矩器、变速器,代替纯液压控制,使操作更轻便。应用激光技术使铲运机平整场地作业精度更高。另外,电子控制的短轴距平地机也在开发之中。

7. 优秀的设计

优秀的设计是延长机械使用寿命的首要环节。日本提出"设计立业",遂使日本产品经久耐用,行销全球。日本新卡特彼勒三菱公司运用负荷分析方法,准确地进行了推土机等在施工现场的受力部件的应力分析,提出了延长机件寿命的设计(长寿设计),即降低面压(机件表面的接触应力),如用螺旋齿代替渐开线齿轮,使重叠系数增大;分散负荷,如采用三角形履带行走系代替常见的履带行走系,将驱动轮从常规的触地式移至三角形顶部,与地面脱离接触,使驱动轮承受的冲击负荷、作业负荷大幅度减小;为减少热量,采用湿式离合器、湿式制动器等,以减少摩擦热。设计时,努力改善机械的维修性是延长寿命的有力措施。此外,曲面造型技术在工程机械产品设计中也得到了广泛应用。

二、国内工程机械的发展

1. 我国工程机械行业发展史

我国工程机械行业的发展历史,大致可以划分为以下 5 个阶段。

(1)创业时期(1949—1960 年)。1949 年以前,我国没有工程机械制造业,仅有为数有限的几个作坊式的修理厂,而且只能维修简易的施工机具和其他设备。据有关史料记载,当时这几个工程机械修理厂主要集中在我国东南沿海和北方。如现在的抚顺挖掘机制造厂在新中国成立前是日本开办的一个采煤设备修理所,新中国成立后发展成了一个主要生产挖掘机和履带式起重机的骨干生产企业。天津工程机械厂在新中国成立前是英国开设的"马号"修理部,1922 年开始以修理蒸汽压路机和混凝土搅拌机为主要业务,

1940 年日本占领天津后开始生产压路机零配件。新中国成立时，该厂仅有 30 多名工人，设备破旧不堪，现在已发展成我国平地机的骨干生产企业。

从新中国成立到 1960 年，工程机械在我国仍未形成独立行业，只由别的行业兼产一部分简易的小型工程机械产品。"一五"期间，对工程机械的需求量猛增，机械制造部门生产的产品远远不能满足需求，因而其他工业部门（如当时的建筑工程部、交通部、铁道部等）便自行生产一些简易的工程机械。

（2）行业形成时期（1961—1978 年）。1960 年 12 月 9 日，国务院和中央军委共同决定：由第一机械工业部组建五局（工程机械局），负责发展全国的工程机械。一机部五局（工程机械局）于 1961 年 4 月 24 日宣布成立。归口企业 20 个，其中有 4 个直属厂即抚顺挖掘机厂、沈阳风动工具厂、宣化工程机械厂和韶关挖掘机厂，并于 1961 年 2 月在北京成立了一机部工程机械研究所。1963 年 10 月，建筑工业部机械局与一机部五局合并，并将其直属厂也陆续转为一机部五局直属。1964 年 12 月，工程机械行业建设了一批三线企业。在此期间，行业的科研院也有所发展，一机部除继续发展、壮大工程机械研究所（1963 年迁天津）、建筑机械研究所（1972 年迁长沙，现名为长沙建设机械研究院）外，1966 年将沈阳风动工具厂下属风动工具研究所迁天水，改名为天水风动工具研究所；1974 年在西宁成立的西宁高原机电研究所，于 1982 年由国家科委批准改为西宁高原工程机械研究所，专门从事工程机械高原性能研究；1976 年在河北省怀来县建立了工程机械与军用改装车试验场。另外，国家建委在廊坊建立了中国建筑科学研究院建筑机械化研究所。水电部在杭州和长春建立了水工机械研究所。交通部成立了公路研究所（其中的筑路机械研究室专门研究开发各种筑路机械）。以上各研究所都能根据行业的分工，按各自归口范围进行产品研究、开发，并组织不同的行业活动。这些科研机构的逐步完善、加强和扩大，为工程机械行业的技术进步打下了强有力的技术基础。

1978 年 8 月 29 日，一机部和国家建委下文将行业中的挖掘机械、压实机械、桩工机械、混凝土机械由一机部划归国家建委归口管理，并划给国家建委 60 个直属厂，这就形成了两个制造体系。这种由于分散和"条条专政"的弊端，造成了不必要的重复投资，加剧了点多批量少的不合理局面。显然这种状况对行业的发展是很不利的。

（3）全面发展时期（1979—1990 年）。十一届三中全会以后，随着国家基本建设投资规模和引进外资力度不断加大，两个制造体系给工程机械行业造成的分散局面已不适应新的发展形式。国家计委组织一机部、建设部、交通部、铁道部、林业部、兵器部和工程兵等部门共同成立了全国工程机械大行业规划组，负责统筹协调全行业的投资、企业布点、引进国外技术、引进外资等。1985 年后，国务院先后对工程机械各部门进行多次改革。1998 年撤销机械部，成立国家机械工业局，全面进行机械工业宏观管理，取消了有关部、局对机械行业的管理职能，实现了工程机械大行业管理。"七五"计划以来，随着市场经济的发展，工程机械行业取得了飞速的发展，工程机械企业遍及全国各个地区，新产品、新技术、新的营销模式被广泛地应用到工程机械行业的各个方面。

这期间，也是引进外国先进技术的高峰期。其中，山东推土机总厂、黄河工程机械厂与上海彭浦机器厂于 1979 年联合与日本小松制作所签订了引进 220hp 履带式推土机和 320hp 履带式推土机的制造合同；1984—1986 年，柳州工程机械厂、厦门工程机械厂、宜春工程机械厂、鞍山红旗拖拉机厂、哈尔滨拖拉机厂、上海彭浦机器厂、宣化工程机械厂、青海工程机械厂、上海柴油机厂、山东推土机总厂履带总成分厂、四川齿轮厂和成都工程机械总厂液力变矩器分厂12家企业，联合与美国卡特彼勒公司洽谈引进了履带式推土机、轮式装载机、轮式集材机3类7种主机制造技术，以及柴油机、液力变矩器、动力手动变速器、驱动桥、液压缸、"四轮一带"等一系列关键基础部件制造技术；徐州起重机厂、长江起重机厂和浦沅工程机械厂于1980年初从德国利勃海尔公司引进了全地面起重机制造技术；杭州起重机厂等7家企业从德国德马格公司、O&K公司和利勃海尔公司引进了十多种液压挖掘机制造技术。这批引进国外技术的企业，通过参观、培训、全面消化吸收引进技术、学习国外企业先进管理、外国专家支援等过程，使得行业整体水平得到了很大提高。

(4)快速发展时期(1990—2004年)。20世纪90年代以来，我国的工程机械行业步入了快速发展期，在这一时期，制造企业逐渐意识到仅有好的产品已经不够了，还需要将产品快速高效地送达到客户，还要提供及时完善的售后服务，于是纷纷改变了过去产、供、销一体化的运作模式，开始搭建自己的销售渠道。我国的工程机械代理商正是在这一时期应运而生，并逐渐成长为一个群体。也是在这一时期，我国市场潜在的巨大需求吸引了越来越多的国外资本，众多国外工程机械制造企业相继在我国投资建厂。伴随着境外资本而来的，还有先进的技术、设备和管理经验，以及国外成熟的代理制。代理制作为一个商业名词和一种理念，开始在工程机械行业广为流传。有相当一部分代理商在与国外企业合作的过程中，成功吸取了先进的管理方法和运作经验，经营理念也日趋成熟，逐渐成为优秀的工程机械代理商。但是在2004年3月24日，中国人民银行宣布自4月25日起实行差别准备金率，紧接着政府出台了一系列由缓至急、由点到面的宏观调控政策。受此影响，工程机械快速发展的势头将有所减缓，工程机械将进入调整阶段。

(5)高速发展时期(2005—2011年)。2005年后我国工程机械行业经过一段调整，迎来了明媚的春天，到2008年行业产值一路飙升，主要工程机械产品产销量连续突破新高，2007年全行业销售总收入达到2223亿元，是2004年销售总收入的1.95倍。同时，2004—2007年行业销售收入平均增长速度达到22.3%，进入国家"十一五"规划阶段后的两年，平均增速高达34.2%。在这期间，工程机械行业百亿企业数量增多，据中国企业家联合会、中国企业家协会公布的2008年中国企业500强中，已有15家工程机械企业位列其中，同时已有一批优秀工程机械企业已经剑指千亿，向国际型、综合型、规模型大企业方向迈进。而跨国公司进入中国兼并和兴办独资企业的势头也愈加猛烈，国有品牌的崛起，使中国工程机械行业在境内竞争呈现全面国际化的状态。

2. 我国工程机械行业的现状

我国工程机械行业的迅速发展是在改革开放以后的30多年，现在已经形成了市场化运作体系和产品研发、生产制造和销售体系，已成为名副其实的世界工程机械生产大国和主要工程机械市场之一，到2014年，产销数额双双排名世界第一，我国机械工业产业的规模已经占据世界市场30%的份额。发展如此快速，最重要的是它已在全国形成十大产业集群区。这十个产业集群区是：以徐州为中心的工程机械产业集群区、以长沙为中心的工程机械产业集群区、以厦门为中心的工程机械产业集群区、以柳州为中心的西南工程机械产业集群区、以济宁、临沂为中心的山东工程机械产业集群区、以合肥为中心的安徽工程机械产业集群区、以常州为中心的江苏工程机械产业集群区、以成都为中心的四川工程机械产业集群区、以西安为中心的陕西工程机械产业集群区和以郑州为中心的中原工程机械产业集群区。同时,我国加入 WTO 之后,加快了我国工程机械市场的国际化。

我国工程机械行业存在的主要问题很多,主要集中在以下 6 个方面:

(1)我国工程机械产品以中低端产品居多。

(2)我国工程机械行业原始创新的技术少、具有自主知识产权的技术少,获得专利的产品少和核心竞争力的产品少,这是行业的一个致命弱点。

(3)我国工程机械行业科研经费投入少。

(4)忽视科研工作。

(5)出口不畅是我国工程机械行业的一大软肋。

(6)发动机、液压系统和传动系统等基础零部件质量一直不过关。

3. 我国工程机械行业发展趋势

从新中国成立初期到现在,工程机械行业已经随之成长了 60 余年。从新中国第一批工程机械,到现在自主创新、实现跨越式增长,工程机械行业已经走向了成熟。从我国的企业来说,不管是技术研发、品牌建设,还是市场方向,似乎都到了行业的高峰。但是,行业的发展没有最高,只有更高。未来工程机械行业的发展方向也在朝着更加高端化的区域前进。以下几点就是工程机械行业的发展特点及趋势。

(1)产品高端化。智能化一直是我国机械工业发展的方向。不管是企业还是产品,智能化都在悄悄改变着它们的运营方式和操作方法。在未来,交通建筑行业等面向多样化、高层化和美观化的发展,对于工程机械的产品性能和效率的要求也会更高。所以,工程机械企业在产品研发上,会随着市场的需求,而趋向更加独特的性能加工,以满足工程建设的需求。

另外,节能环保是全球的大趋势,机械制造业也会随大势所向。随着世界各国对节能环保关注度的提高,工程机械转向更加环境友好、更加低能耗、低排放的趋势是不可扭转的。而这样的转向必然会带动工程机械高端化发展。

(2)企业国际化。产品出口、投资建厂和海外收购已经成为工程机械走向世界势不可挡的趋势。在经济面临外需不振、经济增速下行的压力下,我国将更重视创新对经济发展的驱动作用,未来将主要依靠科技创新和管理创新来实现可持续发展。

(3)品牌差异化。随着工程机械市场的调整,企业更加注重打造自身服务品牌,许多工程机械企业走上了用服务提升品牌价值的道路。

2011 年,中联重科启动“蓝色关爱”服务品牌,构建全过程信息化管理的内外互动式服务体系和保障平台,为用户带来全新的服务模式和产品品质体验,并率先将设备服务从“被动式维修”带入了“主动式关怀”,在行业内首先为客户提供售前、售中、售后一站式整体服务解决方案。

三一重工各个分公司致力于打造行业第一服务品牌:三一泵送事业部推出“一生无忧”服务活动;三一起重事业部启动大规模的服务万里行;三一重机事业部及代理商更是派出上千名服务精英,1500 台服务车辆,对全国 28000 多台设备展开巡检等。

另外,行业龙头企业如徐工、山推、柳工、厦工等都推出了具有显著特色的、差异化的服务品牌。

(4)绿色智能化。随着国内工程机械行业市场规模不断扩大以及"十二五"节能减排方案的提出,"绿色环保"成为众多厂家的发展目标。行业发展趋势不断推进着"绿色""智能"技术在工控自动化领域的创新应用。机械产业通过走绿色道路,来达到提高产品质量和节能降耗的目标。

国内市场竞争将日益激烈,外资企业也继续加大在我国的投资和布局,如卡特彼勒、小松、特雷克斯等。因此,在产品过剩的情况下,企业更应该努力开拓国际市场,提高我国工程机械在国际市场上的竞争力。绿色战略主要体现在提高产品的能源效率、促进资源的循环利用以及降低产品的排放等方面。实施绿色战略对于提升企业市场竞争力、为企业的发展注入活力意义重大。

(5)向大重型化方向发展。我国工程机械产业发展非常快,目前已经形成了挖掘机械、土方机械、起重机械和混凝土机械等一系列产品的产业链和产业集群,实现年产值近500亿美元的产业规模。我国企业积极开拓国际市场,统计数据显示,2009年,我国工程机械出口逾47亿美元,占国际市场的份额达到10%。到2015年,我国工程机械行业的销售规模将达到9000亿元人民币,年平均增长率约为17%,其中出口为200亿美元左右,成为名副其实的工程机械第一大出口国。为适应修筑铁路、跨海大桥及能源工程等重大项目的需要,工程机械正在朝大型和重型发展,形成了创新和研发的生产能力。

(6)自主品牌建设。自主品牌主机企业配套的零部件企业,围绕主机企业的需要,纷纷加大了投资力度,各工程机械产品检测检验中心、相关代理商、售后维修服务企业也不同程度地按照市场需求加大了投入和整合。上、中、下游各产业链正在优化发展。

行业专家预测,工程机械行业发展趋势就是绿色、智能、超常、融合、服务,这十个字不仅着眼于我国工程机械技术的实际,也体现了世界工程机械技术发展的大趋势。

第二章　挖掘机械

学习目标

1. 能讲述挖掘机械的发展史;
2. 熟悉国内外著名挖掘机械企业的企业文化。

第一节　挖掘机械发展简史

一、挖掘机械主要用途和类型

挖掘机械是以开挖土石方为主的机械,有通用和专用型之分。通用型挖掘机是以挖方为主、他用为辅,一机多用(多功能、多用途)的机械。这一类机械有液压单斗挖掘机(包括伸缩臂式)和机械式建筑挖掘机,其数量约占挖掘机总数的90%以上。基本工作是反铲或正铲作业,一般以反铲作业为主,用来完成土石方工程的开挖;稍加改装或更换工作装置以后,还可完成平整、回填、装载、抓取、起吊、打桩、碎石、钻孔、夯实等多种作业。

专用型挖掘机械是专供特定工程和矿山开采用的机械设备,一般仅有一种工作装置,驱动方式多数为电机驱动,能耗低。专用单斗挖掘机的工作装置主要有正铲和拉铲两种。专用多斗挖掘机比相同机重的单斗挖掘机的生产率高30%左右,是一种高效率的采掘机械,但造价较高。

二、挖掘机发展历史

纵观世界工业化历史,现代挖掘机械的源头可以追溯到15世纪末期意大利锡耶纳(距佛罗伦萨南部约50km)出现的淤泥挖掘船。水上航运一直是意大利非常重要的交通方式,因此需要经常疏浚河道。根据《达·芬奇笔记》记载,这种挖掘船由两艘小舟并列,侧舷之间架设水车似的转轮,转轮四角伸出的木杆端部安装铲斗,以人力驱动转轮旋转,让铲斗探入河底铲挖淤泥,铲斗容量一般不超过0.2~0.3m^3(图2-1)。当盛满淤泥的铲斗旋转至顶端时,淤泥会通过滑板倾倒进船舱中。这应该是多斗式挖掘机的雏形。1712年,英国人托马斯·纽科门(Thomas Newcomen)发明了活塞式蒸汽机,后经瓦特改进,于1769年制成瓦特式蒸汽机,其能效比纽科门蒸汽机提高了5倍以上。蒸汽机的广泛应用,使挖掘机械开始由人力驱动向机械驱动转变。

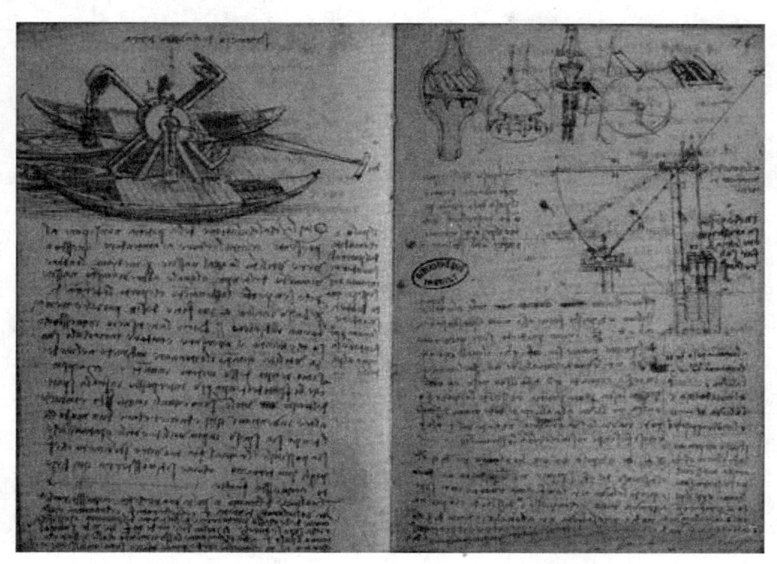

图2-1 《达·芬奇笔记》中记载的淤泥挖掘船

美国费城的铁路工程师威廉·奥蒂斯(William Otis),设计和制造了第一台以蒸汽机驱动、安装在铁路平车上的吊臂式单斗挖掘机(图2-2),成为现代挖掘机的鼻祖。其采用铁木混合结构,吊臂回转依然靠人力用绳牵引,通过不断延伸铁轨实现带状开挖,因此被称为为铁路铲(蒸汽铲)。但由于奥蒂斯英年早逝,以及专利保护、人力成本低廉等因素,奥蒂斯式蒸汽铲没有推广应用。直到1870年以后,美国大规模建设铁路,蒸汽铲的发展才进入黄金时代,性能得到不断改进,开始应用于铁路建设、开挖运河、露天矿剥离等领域。1910年,美国出现了第一台电机驱动的蒸汽铲,并开始应用履带行走装置。1912年,出现了汽油机和煤油机驱动的全回转式蒸汽铲,1916年出现了柴油发电机驱动的蒸汽铲。1924年,柴油机直接驱动开始用于单斗挖掘机上。此后,随着汽车工业的发展,轮胎式底盘开始逐步应用于小型挖掘机上。20世纪40年代,出现了在拖拉机上配装液压反铲的悬挂式挖掘机。

第二次世界大战和战后恢复建设,有力推动了挖掘机械发展。随着液压技术的应用,1951年,法国波克兰(Poclain)公司推出世界第一台全液压挖掘机。波克兰公司创始人——乔治·巴塔伊(Georges Bataille)生于1879年,他于1927年和工程师安东尼·莱杰合伙成立公司,主要业务为修理农用机械,1930年公司改名为波克兰制造公司。波克兰从1948年开始制造小型轮式挖掘机,员工数量增至120人。1951年10月,波克兰研制了第一台正铲液压挖掘机(图2-3)。它采用道奇4×4改装的轮式底盘,前部为汽车驾驶室,后部为液压挖掘机。由控制台、液压臂、铲斗等组成的上车体,围绕底盘后轴上方的立柱旋转,正方形铲斗容积约立1m^3。

图 2-2　威廉·奥蒂斯研制的蒸汽挖掘机

图 2-3　波克兰公司推出世界第一台全液压正铲挖掘机

1961 年波克兰公司推出 TY45 型轮式液压挖掘机，采用独特的前三轮式底盘，总功率 48hp，质量 10t，该机型至 1982 年共销售了 3 万台。1974 年，波克兰公司的挖掘机业务被美国凯斯集团兼并，仅保留了液压元件业务。凯斯集团创立于 1842 年，是世界第一家生产蒸汽机式脱粒机的企业，1912 年开始生产蒸汽压路机、平地机等产品。1957 年，凯斯集团收购了印第安纳州的美国拖拉机公司，当时这家公司已经开发出了履带式液压挖掘机。

初期试制的液压挖掘机多采用飞机和机床的液压技术，缺少适用于挖掘机各种工况的液压元件，制造质量不够稳定，配套件也不齐全。从 20 世纪 60 年代起，液压挖掘机进入推广和蓬勃发展阶段，各国挖掘机制造厂和品种增加很快，产量猛增。到 20 世纪 70 年代初，液压式挖掘机已占挖掘机总产量的 83%，逐步取代了机械式挖掘。整机质量普遍在 50t 以下，铲斗容量在 $4m^3$ 以下。

图 2-4 为 1953 年德国利勃海尔生产的世界上第一台全液压回转挖掘机。

图 2-5 为早期履带式挖掘机。

图 2-4　世界上第一台全液压回转挖掘机

图 2-5　早期履带式挖掘机

20 世纪 70 年代后，液压挖掘机开始向大型化发展，主要体现在整机质量、发动机功率和铲斗容量三个方面。这些巨型挖机主要用于大型露天矿山，性能已非普通挖掘机可比，其中正铲式挖掘机占大部分。1969 年，法国波克兰公司推出当时世界最大的 EC1000 型履带式挖掘机（图 2-6），成为大型液压挖掘机的先驱。该机重达 137t，使用 3 台道依茨 F12L413 型风冷柴油发动机，总功率 780hp，可安装正铲或反铲，铲斗容量 $8.7m^3$。该型号于 1974 年升级为 1000CK 型，工作质量 161t，功率 822hp，这是世界第一台质量超过 150t

的大型液压挖掘机。

图 2-6　波克兰公司的 EC1000 型履带式正铲挖掘机

1979 年，日本日立建机开发出 UH50 型正铲液压挖掘机，工作质量 175t，斗容量 $8.2m^3$。日立建机前身为日立制作所的建设机械销售部，1970 年 10 月，独立成为日立建机株式会社；到 2014 年，有员工 1.7 万余人，在 36 个国家设有海外公司，是世界第四大工程机械制造商。日立建机在 1972—1976 年，陆续开发了 36t 级的 UH12 型正铲挖掘机，斗容量 $2.2m^3$；50t 级的 UH20 型正铲挖掘机，斗容量 $3.2m^3$；75t 级的 UH30 型正铲挖掘机，斗容量 $4.4m^3$。这些型号为其开发超大型挖掘机奠定了基础。1981 年，美国马里昂公司推出 Marion - Dresser 3560 型履带式正铲挖掘机，工作质量 272t，铲斗容量 $17m^3$，总功率 1400hp，该型号从 1981—1989 年共制造了 8 台。

1983 年，日本神钢和三菱公司开始研制 SMEC 4500 型履带式正铲挖掘机。这是 20 世纪 80 年代世界最大的液压挖掘机，而且仅此一台。该机由日本露天煤矿挖掘机器技术研究会（SMEC，由 11 家日本企业组成的联合性组织）提议建造。工作质量为 420t，相当于 2 架波音 747 客机。它由两台柴油机提供动力，总功率为 2456hp（1800r/min），铲斗容量为 $20m^3$。该机被矿业巨头必和必拓（BHP - Utah）买下后，从 1987 年 11 月开始，在澳大利亚昆士兰州的 Blackwater 煤矿服役。直至 1992 年，由于 SMEC 解散，SMEC 4500 被报废拆解。

20 世纪 80 年代的大型液压挖掘机，斗容量多在 $20m^3$ 以下。如小松的 PC1600 型，三菱的 MS1600 型，卡特彼勒的 5130，利勃海尔的 R992、R994，O&K 的 RH90C、RH20C 等。1987 年，日立建机推出 330t 级 EX3500 型正铲挖掘机，斗容量 $18.8m^3$。20 世纪 90 年代以后，各家公司研制的液压挖掘机，斗容不断增加，达到 $50m^3$；机重达到 300 ~ 800t，逐步形成了超大型挖掘机系列产品。主要厂家包括德国利勃海尔、德国 O&K、德国 Demag、日本日立、日本小松、美国卡特彼勒等。

1995 年，德国利勃海尔集团推出 R996 型履带式挖掘机。这是该公司的旗舰级产品，整机质量达到 656t，相当于 10 辆重型坦克，光是履带就有 3 米多高。其采用两台康明斯 K1800E 型 50L16 缸水冷涡轮增压柴油发动机，总功率 3046hp（1800r/min）。拥有一个 13000L 容量的油箱和 4600L 的液压油箱，而一辆重型坦克的油箱容量也仅有 1300L 左右。R996 可安装反铲或底卸式正铲，铲斗宽度 4.7m，容量高达 $34m^3$，足以装下一辆吉普车。一铲下去可以挖起 60t 的土石方，最大挖掘力为 238.5t。但当它移动时，每小时爬行距离仅为 2.2km。为了便于运输，R996 采用模块化设计，所有组件均可以使用平板拖车或船只运输，然后在矿山重新装配。

利勃海尔 R996 共生产了 14 台，主要用户为印尼 KPC 集团。KPC 是印尼最大的煤炭商，2007 年煤炭产量达到 4000 万 t，占印尼煤炭总产量的五分之一。其在东加里曼丹省的 KPC 露天矿，覆盖层剥离量达 1.36 亿 m^3，因此购买了大量巨型矿用机械。KPC 有 6 台 R996 在运行，曾有一台几乎被大火所毁。此外，澳大利亚泰斯（Thiess）工程集团有 7 台

R996,其中 2 台用于昆士兰州的(Burton)煤矿,4 台用于新南威尔士州的(Mount Owen)煤矿,1 台用于 Prominent Hill 铜矿。2009 年,南非 Hitricon 工程承包公司,向利勃海尔购买一台 R996,用于南非 Sishen 铁矿,将配备 30m^3 底漏式正铲。

世界上最大的正铲液压挖掘机是特雷克斯(O&K)RH400 型(图 2-7)。

图 2-8 为德国利勃海尔集团在 2008 年推出的 R9800 型履带式反铲液压挖掘机,吨位排名世界第二。

图 2-7　特雷克斯(O&K)RH400 型挖掘机

图 2-8　德国利勃海尔 R9800 型履带式反铲液压挖掘机

图 2-9 是在加拿大的油砂产区组装完毕的日立 EX8000 型履带式液压挖掘机,吨位排名居世界第三位。

图 2-9　日立 EX8000 型履带式液压挖掘机

自 1835 年美国人威廉·奥蒂斯发明第一台蒸汽铲算起,现代挖掘机械已经走过了一百多年历史,形成了庞大的挖掘机家族。其动力装置从最原始的蒸汽机,经过汽油机、柴油机、电力驱动,发展至最新型的油电混合动力驱动。行走机构分为轮式、履带式、迈步式三大类。传动装置从最初的机械传动,发展为液压传动。铲斗形式包括单斗、轮斗、正铲、反铲四类。按照用途可分为通用挖掘机、矿用挖掘机、船用挖掘机、特种挖掘机等类别。按照整机质量、总功率、铲斗容量,挖掘机又可分为小型、中型、大型、超大型等各种级别。

从国家来看,德国、美国、日本是挖掘机械领域的强国。德国克虏伯、O&K、利勃海尔,美国马里昂、比塞洛斯等企业建造的巨型挖掘机,无一不是挖掘机产品中的超级巨无霸。日本企业则在中小型挖掘机市场拥有强大的竞争力。

三、国内挖掘机发展概况

我国挖掘机生产起步较晚,新中国成立初期,生产企业以仿制苏联 20 世纪 30 ~40 年代的机械式单斗挖掘机为主。1955 年 6 月,抚顺重型机器厂(抚顺挖掘机制造厂前身),制成我国第一台全回转履带式挖掘机,铲斗容量为 1m^3,见图 2-10。1959 年 3 月,抚顺重型机器厂又推出 4m^3 机械式挖掘机。抚顺重型机器厂的历史可以追溯到 1904 年,1948

年抚顺解放后，几经改造，从矿山机械维修转向工程机械制造，1953 年定名为抚顺重型机器厂，1960 年改为抚顺挖掘机制造厂。此后出于工业布局考虑，全国陆续组建了十多家国营挖掘机制造厂，至 1966 年累计生产机械式挖掘机约 3000 余台。

在液压挖掘机方面，1963 年 10 月，抚顺挖掘机制造厂生产出我国第一台履带式液压挖掘机，斗容量为 $1m^3$。此后，全国陆续有多家企业开发出液压挖掘机，主要产品有上海建筑机械厂的 WY100 型、贵阳矿山机器厂的 W4-60 型、合肥矿山机器厂的 WY60 型挖掘机。20 世纪 70 年代后，又生产出了长江挖掘机厂的 WY160 型和杭州重型机械厂的 WY250 型挖掘机等产品。它们为我国液压挖掘机行业的形成和发展，迈出了极其重要的一步。

图 2-11 为 1969 年国庆 20 周年由合肥矿山机器厂生产的轮式钢绳提拉挖掘机。

图 2-10 1956 年国庆典礼上展出的抚顺挖掘机厂生产的挖掘机

图 2-11 合肥矿山机器厂生产的轮式钢绳提拉挖掘机

20 世纪 80 年代初，随着经济发展，国产挖掘机无论从数量上还是质量上，都难以满足市场需求。不少挖掘机企业开始引进德国利勃海尔公司的技术，如贵阳矿山机器厂引进了利勃海尔的 A912 和 R912 型挖掘机，上海建筑机械厂引进了 R942 型，合肥矿山机器厂引进了 A922 和 R922 型，长江挖掘机厂引进了 R962、R972、R982 型挖掘机。稍后几年，北京建筑机械厂引进了德国 O&K 公司的 RH6（图 2-12）和 MH6（图 2-13）型液压挖掘机，杭州重型机械厂引进了德国德马格（Demag）公司的 H55（图 2-14）和 H85 型液压挖掘机。与此同时，还有山东推土机总厂、黄河工程机械厂、江西长林机械厂、山东临沂工程机械厂等，联合引进了日本小松制作所的 PC100、PC120、PC200（图 2-15）、PC220、PC300、PC400 型液压挖掘机（除发动机外）的全套制造技术。

图 2-12 RH6 型液压挖掘机

图 2-13 MH6 型液压挖掘机

图 2-14　H55 型液压挖掘机

图 2-15　PC200 型挖掘机

这些厂引进技术后，通过历时数年的消化、吸收、移植，使国产液压挖掘机的性能指标有了全面提高，产品产量也逐年有所提高。到 20 世纪 80 年代末，我国挖掘机生产厂已有 30 多家，形成了包括抚顺挖掘机厂、北京建筑机械厂、上海建筑机械厂、合肥矿山机器厂、贵阳矿山机器厂、长江挖掘机厂六家行业骨干企业。中小型液压挖掘机已形成系列，生产机型达 40 余种，斗容有 0.1 ~ 2.5m^3 等 12 个等级，年均产量 1200 台左右。各厂还生产出 1 ~ 12m^3 的矿用电铲、1m^3 隧道挖掘机、4m^3 长臂挖掘机、1000m^3/h 的排土机、斗容量 0.4 ~ 0.8m^3 的水陆两用挖掘机等产品。

但总的来说，当时的技术引进多侧重产品图样、工艺等软件引进，忽视了加工设备等硬件引进。再加上管理体制问题，忽视了主机配套设备。当时工程机械分属建设部、机械部两个制造体系，其中液压挖掘机主机属建设部、配套零件则属机械部管理。导致国内长期不能供应高质量的发动机、液压元件等关键零部件。再加上主机厂自身的问题，到 20 世纪 90 年代初，我国液压挖掘机与世界先进水平相比，曾一度缩小的差距又拉大了。当时，国内挖掘机的年产量仅为 2100 台左右，而每年进口量却高达 6000 余台（包括大量进口二手挖掘机）。

从 1994 年开始，我国挖掘机行业掀起了一股合资风暴。1994 年 9 月，日本神钢与成工集团投资 2100 万美元，成立了我国第一家挖掘机合资企业。随后，众多外资挖掘机品牌纷纷加紧了进入中国的步伐。同年 10 月，韩国大宇独资设立大宇重工业（烟台）有限公司（2005 年被韩国斗山收购）。1995 年，外资将这股风暴推向了高潮。1 月，韩国现代重工与常林股份合资成立常州现代公司；3 月，日立建机在安徽投资 4.3 亿人民币，成立合肥日立挖掘机有限公司；5 月，日本小松投资 2998 万美元，成立小松常州工程机械有限公司；7 月，日本小松再次投资 2100 万美元，成立小松山推工程机械有限公司；同年，世界第一大工程机械制造商——美国卡特彼勒，与徐工集团合资 8200 万美元成立了卡特彼勒徐州有限公司。

2001 年 12 月 11 日，我国正式加入 WTO，市场进一步开放。这更加快了外资挖掘机企业投资中国的步伐，而且开始了由点入面的战略性布局。2002 年 3 月，沃尔沃在上海浦东投资 1500 万美元，独资设立沃尔沃建筑设备（中国）有限公司。2002 年 6 月，韩国现代重工与北京京城机电控股公司投资 2750 万美元，组建北京现代京城工程机械有限公司。2003 年 6 月，现代重工放弃了对原常州现代公司的增资扩股方案，与常林股份共同组建现代(江苏)工程机械有限公司。至此,韩国现代重工已在华东和华北地区,建立起三个挖掘机生产基地,产品涵盖大、中、小等各个吨位级别,形成比较完善的战略布局。

2003年12月,日本神钢合资成立了杭州神钢建设机械有限公司。2007年,日本神钢再次发起强劲攻势,与成工集团合资,组建成都神钢小型挖掘机有限公司。至此,日本神钢也在我国建起三个挖掘机生产基地,年生产能力近1万台。

另外,随着国内小型挖掘机市场日益看好,国外一些著名小挖品牌,如久保田、石川岛、竹内、洋马、小桥、JCB、CASE、ATLAS等也纷纷加入到这支淘金队伍。日本久保田2003年在上海成立久保田(上海)建机有限公司,石川岛2004年在厦门建组合资公司,德国阿特拉斯2004年在包头成立合资企业,日本竹内2005年在青岛成立独资公司,小桥在广州东莞建设年产1000台小挖的生产基地,JCB、CASE等欧美小挖品牌也加紧布局中国市场。外资品牌凭借强大的实力,已经占领了中国挖掘机市场90%以上的份额。

由于国内大规模基础设施建设的推动,1994年我国挖掘机产量为2150台,到2001年已经增长为12569台。但在外资品牌的强大攻势下,我国本土品牌挖掘机销量急速下滑,市场占有率从95%降至不足5%。国内六大挖掘机骨干企业在外资冲击下,纷纷退出市场或被外资并购。像上建、长江、北建等曾经知名的国产品牌,在行业内基本销声匿迹。国内挖掘机品牌几乎可以说是全军覆没。导致这一局面的主要因素,除了外资大举入侵外,长期以来国产挖掘机档次太低、技术性能和工作可靠性难以获得用户认可也是主要因素。因此,尽管国产挖掘机价格低廉,依然无法与外资品牌竞争。针对这一问题,提高新产品研发实力和生产质量,已成为国内企业绝地求生的必然出路。

以柳工、玉柴重工、三一重机、山河智能、厦工等为代表的国内工程机械企业,在这个过程中乘势崛起。柳工集团前身为柳州工程机械厂。1958年9月,上海华东钢铁建筑厂部分搬迁至广西柳州,创建了柳州工程机械厂。1960年7月1日,柳工试制成功80hp履带式推土机,开启了生产工程机械的历史。1990年,柳工着手研制液压挖掘机,并于1992年8月,试制成功WY40型履带式挖掘机。1993年11月,柳工在深交所上市。股市筹集的资金,为柳工继续进行产品研发提供了能量。从1994—1999年,在国内挖掘机企业陷入低谷的情况下,柳工成为少数几家仍在进行挖掘机产品研制的本土品牌之一。1996年5月,柳工WY20型履带式挖掘机通过省级鉴定。2000年8月,柳工WY30型履带式挖掘机和WY20改进型获得成功。2002年,国内挖掘机市场需求量大,柳工决定投资7411万元,建设年产千台挖掘机项目。当时国内挖掘机市场,95%被外资品牌占领,本土品牌市场认可度极低,柳工面临的风险可想而知。

2003年4月,柳工挖掘机月产量首次突破50台,并推出CLG920C、CLG922C等新型号,整机性能接近韩国同类产品。其中,采用全功率负荷传感控制的CLG906挖掘机,通过欧盟CE认证,拿到了进入欧洲市场的通行证。2005年,在国家宏观调控市场需求放缓的情况下,柳工挖掘机实现年产量907台,销售841台(其中出口79台),国内市场占有率达2.9%。2006年,柳工挖掘机销量同比增长59%,达到1337台,并正式成立柳工挖掘机有限公司。2007年,柳工挖掘机销量2115台,比2006年几乎翻了一番;国内市场占有率达3.5%,超过沃尔沃,排名行业第九;并形成了4~35t的系列化产品。除柳工外,三一重机、玉柴重工、山河智能等企业的挖掘机产量,均超过“千台生死线”。国内本土挖掘机品牌，从几乎全军覆没，至此重现生机。

2008年4月，乌兹别克斯坦国家租赁公司与柳工签订了一次购买126台挖掘机的合同，这是我国本土挖掘机品牌最大一笔出口订单。当年，柳工挖掘机销售2579台，销售额首次突破10亿元，达到10.9亿元。2009年，尽管面临全球金融危机，柳工挖掘机产销量依然保持快速增长，产销首次突破3000台，同比增长23%。从公开数据看：柳工销售结构以中挖为主，小挖占比在30%左右；主要机型包括普通控制型、全功率电控型、低排放型三类，价格分布在23~130万元。

与大中型挖机相比，小型挖机市场更是竞争激烈，已经形成了韩系、日系、我国本土厂商三足鼎立的局面。韩国现代、斗山（大宇）曾长期占据我国小挖销量前三名。久保田、竹内、洋马、加藤等日系小挖技术先进，占据近30%市场份额。我国本土小挖企业主要有玉柴、山河智能、山东众友、福田雷沃、柳工、山东力士德、徐挖等，占据近40%市场份额。其中，玉柴是我国头号小挖品牌，1989年开发出第一台国产小型挖掘机，目前已形成YC13~YC360LC等16个型号的挖机产品，在国内外市场都具有较强竞争力。2008年，玉柴挖掘机出口952台，居国内第一位。山河智能自2001年开始进入小挖市场，迅速成为后起之秀。2008年初，山河智能募集资金4.99亿元，建设年产5000台小型工程机械项目，并开始进军中型挖机市场。

三一重机是三一重工核心子公司，挖掘机是其核心产品，已经形成四大类19个型号的挖掘机产品线，年产值超过30亿元。然而在这个成绩背后，三一挖掘机经过了九死一生的曲折历程。1999年起，国内挖掘机市场快速膨胀。三一重工在我国本土挖掘机企业几乎全军覆没的背景下，毅然决定进军挖掘机行业。与其他国产挖掘机企业“在小挖中求生存”的策略不同，三一重工以中型挖机为主攻方向。中挖虽然利润高、需求量大，但技术门槛高、竞争激烈。当时仅有柳工少量生产中挖，其他95%以上份额均已被外资企业瓜分完毕。

经过一年多时间研制，2000年3月，三一SY200履带式液压挖掘机下线，成为三一挖掘机事业的起点。2001年6月，三一重工研制的第一代挖掘机开始投放市场，但从2001年至2002年，仅销售了几十台。由于产品存在设计缺陷和质量问题，客户对三一挖掘机彻底丧失信心，已经售出的挖机面临全部退货的严峻局面。挖掘机产品投资巨大，年销量至少需要千台以上，才能跨过企业生死线。因为只有达到了千台，企业的配套能力、制造能力、服务能力等才能达到一定规模，否则生存都是问题。而当时三一挖掘机事业部，只有四五十人，不过算是个刚起步的小厂，时刻面临着生存危机。

2003年7月30日，三一重工在江苏昆山征地，注册成立昆山市三一重机有限公司。亏损严重的挖掘机业务从三一重工剥离，转入三一重机旗下，另外增加投资3800多万元，继续开发挖掘机产品。2003年末，三一重机研制出的第二代挖掘机产品上市，试销结果依然一片惨淡。针对挖掘机的质量问题，三一重机高层曾有过学习韩国还是日本的争论。日本挖掘机质量要优于韩国，在三一挖掘机平均24h就出一次故障的情况下，学习韩国产品已经是比较高的目标了。但三一重机董事长梁稳根却表示：只做到韩国的水平就是失败。这个目标在当时过于苛刻，甚至不切实际。但事实证明，就是这个看似不切实际的要求，为三一挖掘机起死回生指明了方向。

2004 年 5 月，国家全面启动宏观调控，挖掘机销售惨淡。对于刚刚起步的三一挖掘机事业而言，更是雪上加霜。集团多次讨论是否要将长期亏损的挖掘机项目下马，因此存活下来成为三一挖掘机迫切需要解决的问题。为提升产品质量，三一挖机事业部全面向日本企业学习，挖掘机结构件实现外协，制造工艺大幅度提高。为严格产品检测标准，在进行“动臂疲劳试验”时，机器 24h 不间断地工作，测试的石头被生生地挖成了泥浆。在公司员工协同努力下，三一挖掘机的平均故障时间由几十小时提升到几百小时，可靠性大幅度提升。

2005 年是三一挖掘机的转折点。随着 20t 级液压挖掘机产品性能的成熟，挖掘机产量超过 500 台。三一重机开始大规模扩充人才，以实现产品系列化。同时，占地 3000 亩的江苏昆山产业园也开始筹建。通过一系列的风险评估，以及高层次质保人才的引进，三一挖机事业部开始从湖南长沙，大规模东进江苏昆山，并在 2006 年 10 月完成了全部搬迁，首期建成年产 4000 台挖掘机的生产线。至此，三一挖机事业进入新的阶段。2007 年 6 月，三一挖掘机一次性出口欧洲 40 台，首次实现国产挖掘机批量出口。2007 年全年，三一挖掘机销售 1406 台，产量终于跨过“千台生死线”；销售额 11.8 亿元，接近 2006 年的两倍，并一举超越柳工和玉柴。

2008 年可以说是三一重机的收获年。2 月，三一重机开发出国内首台正流量液压挖掘机，采用多项世界先进的节能技术，燃油消耗量降低 10%，成为世界上最省油的挖掘机之一。5 月 12 日，四川发生特大地震。十余台三一挖掘机在打通平武九环线、安县晓茶路、北川路段中，发挥了关键作用。在灾区，三一挖掘机创造了连续 15 天“人休机不休”的作业纪录。三一重机新研制的 22m 履带式拆除机，可以轻松拆除五六层高的危房，极大提高了灾区重建速度。5 月 30 日，三一重机第 5000 台挖掘机下线。11 月，三一重机在上海宝马展上，隆重推出国内最大的 200t 级液压履带式挖掘机，由此形成了 6.5 ~ 200t，覆盖大、中、小型全系列的挖机产品线，并拥有以 SY215C、SY235C 为代表的明星机型。2008 年全年，三一挖掘机销售 3219 台，销量增长 58%，销售额近 23 亿元，全国市场占有率提高到 4.2%。

2009 年 10 月 28 日，三一重机第 10000 台挖掘机在昆山三一产业园顺利下线。这意味着三一挖掘机经过 10 年不懈努力，终于从死亡边缘，攀上了行业顶端。企业员工发展到 2000 多人，培养了一支 300 多人的研发团队，目前拥有国家专利 79 项，重大科研成果 16 项。多项技术由跟随者成为领跑者，其中正流量系统挖掘机试验成功，标志着三一挖掘机技术水平进入了世界先进行列。公司在全国拥有 40 个省级销售服务中心，300 多个地级销售服务中心，服务网点遍及全国主要城市，出现了一批国内一流的代理商。三一挖掘机产品已经出口英国、德国、加拿大、巴西、摩洛哥等数十个国家。

在全球金融危机的冲击下，我国外资挖机品牌销量普遍下滑。而以柳工、三一重机为代表的国内厂商增速迅猛。2009 年 1 至 8 月，三一重机实现销售挖掘机整机 3425 台，其中中挖 1893 台，大挖 465 台，小挖 1067 台，一举超过 2008 年全年销售水平，实现同比增长 62.8%。同时，经证监会批准，三一重机挖掘机资产和业务，将全部注入已经上市的三一重工。2009 年，三一重工着力规划在 5 年内，将三一昆山产业园打造成中国最大的挖掘机生产研发基地。

第二节　我国常用挖掘机品牌及企业文化

1. 沃尔沃(VOLVO)　**VOLVO**

沃尔沃建筑设备公司作为沃尔沃集团成员之一,是全球知名的建筑设备制造商。主要生产不同型号的挖掘机、轮式装载机、自行式平地机、铰接式卡车等产品。分别在瑞典、德国、波兰、美国、加拿大、巴西、韩国、中国和印度设有生产基地,业务遍及150多个国家。

1995年,沃尔沃建筑设备成为沃尔沃集团全资子公司。同年,沃尔沃建筑设备成功收购了生产轻型工程机械的法国Pel-Job集团。1997年,又合并了加拿大平地机生产商Champion公司。1998年5月,再一次将韩国三星重工业建筑设备公司收入旗下。

2007年初,沃尔沃建筑设备公司完成了对我国工程机械主要企业——山东临工工程机械有限公司(山东临工)70%股权的投资。

2007年4月底,沃尔沃建筑设备公司全球收购了英格索兰公司的道路发展部,进一步完善了产品系列,沃尔沃建筑设备的客户群和分销网络也获得了进一步扩大。

在我国,沃尔沃建筑设备(中国)有限公司于2002年3月成立,总部设在上海。新工厂位于上海浦东金桥出口加工区,于2003年3月开始投产。投产初期以生产履带式挖掘机为主。

2003年4月14日第一台中型挖掘机VOLVO EC210B成功下线,2004年4月26日第一台小型挖掘机VOLVO EC55B成功下线。

2004年8月20日,沃尔沃建筑设备(中国)有限公司与上海金桥出口加工区签订了二期土地使用权转让合同。新土地面积为60000m^2,毗邻沃尔沃建筑设备(中国)有限公司金桥工厂,新厂区面积将是原来的两倍,用于满足沃尔沃建筑设备在中国的长期业务发展的需要。沃尔沃的主要业务内容如下:

沃尔沃建筑设备的100多种型号的工程机械产品广泛应用于建筑、林业、港口、矿山、公路、桥梁及隧道工程,产品范围包括铰接式卡车、轮式装载机、液压挖掘机、自行式平地机、挖掘装载机和小型工程机械等。

VOLVO铰接式卡车:世界上首家推出,畅销全球。拥有强劲的发动机功率和大转矩、出色的易维护性和无与伦比的下坡与制动功能,以及业界最佳的三点式悬架系统和先进的技术。

VOLVO轮式装载机:具有独一无二的举升系统、全自动变速器、大臂悬架系统、载荷感应液压系统、主要部件电脑监控系统以及广为业界赞誉的爱心驾驶室,在世界范围内设立了全新的产品标准。

VOLVO液压挖掘机:坚固、可靠,功率强劲,生产率高,性能优异,驾驶室环境舒适,可进一步提高工作效率。

VOLVO自行式平地机:拥有强劲动力,精确的刀铲控制,在速度以及耐用性、通用性等方面有绝对优势。

图 2-16 为沃尔沃液压挖掘机。

图 2-16 沃尔沃液压挖掘机

VOLVO 小型设备:小身材,大功用。目前,我国市场推广的 EC55BPRO 是为在最艰难的作业场所、最佳舒适性的作业环境中进行高效作业设计的,具有大功率低噪声的发动机,提供平滑性和精确性的液压系统。

路面设备:2007 年 4 月 30 日起,沃尔沃建筑设备公司全球收购英格索兰公司道路发展部门,英格索兰路面机械产品现已成为沃尔沃全系列产品组合的一部分。旗下的单钢轮、双钢轮振动压路机、摊铺机系列秉承多年来业内领先的技术,满足了多种路面施工的要求。舒适的操作系统、卓越的性能、极高的效率受到全球赞誉。

VOLVO 配件与服务:沃尔沃建筑设备公司为客户提供整套服务,拥有专业性的客户支持团队,提供及时的配件供应、售后服务和操作维护培训。沃尔沃建筑设备(中国)有限公司在上海设有培训中心和配件仓库。沃尔沃公司及其代理商的技术人员致力为全中国的客户提供最佳的配件支持和技术服务。

2. 卡特彼勒(Caterpillar) **CATERPILLAR®**

卡特彼勒是世界上最大的土方工程机械和建筑机械的生产商,也是全世界柴油机、天然气发动机和工业用燃气涡轮机的主要供应商。

图 2-17 卡特彼勒 312D 型挖掘机

图 2-17 为卡特彼勒 312D 型挖掘机。

卡特彼勒公司发展历程。

1890 年,本杰明·霍尔特(Benjamin Holt)和丹尼尔·比斯特(Daniel Best)尝试使用各种形式的蒸汽推土机进行农耕。他们在各自的公司单独进行试验。

1904 年,Holt 研制成功第一台蒸汽履带式推土机。

1906 年,Holt 研制成功第一台天然气履带式推土机。

1915 年,在第一次世界大战中使用了 Holt 的 Caterpillar 履带式推土机。

1925 年,Holt 制造公司和 C. L. Best 推土机公司合并,组成卡特彼勒推土机公司。

1931 年,第一台 Diesel Sixty 推土机从伊利诺斯州东皮奥利亚的装配线下线,它是采用新型高效动力源的履带式推土机。

1940 年,卡特彼勒产品系列包括机动平地机、铲式平地机、升降式平地机、筑梯田机和电动发电机组。

1942 年,美国在战争中使用卡特彼勒的履带式推土机、机动平地机、发电机组和用于 M4 坦克的特殊发动机。

1953 年,1931 年公司成立了独立的发动机销售小组,向其他设备制造厂商推广柴油发动机。1953 年，该小组被独立的销售和营销部门取代，以便更好地满足广大发动机客户的需求。发动机销售约占公司总销售和收入的三分之一。

1963 年，卡特彼勒和三菱重工在日本成立了第一家由美国公司拥有部分股权的合资企业。卡特彼勒三菱有限公司于 1965 年开始生产，现已更名为新卡特彼勒三菱有限公司。

1981—1983 年，全球经济衰退波及卡特彼勒，公司付出的是每天损失一百万美元的代价。在不得已的情况下，公司被迫大幅裁员。

1983 年，卡特彼勒租赁公司业务扩展，为全球客户提供设备金融服务可选方案，现已更名为卡特彼勒金融服务公司。

1985 年至今，产品系列继续多样化，以满足客户的各种需求。有超过 300 种产品，比 1981 年翻了一番多。

1986 年，卡特彼勒推土机公司更名为卡特彼勒公司——更准确地反映了公司不断发展的多样性。

1987 年，耗资 18 亿的工厂现代化项目启动，使制造流程更加顺畅。

1990 年，公司结构进行了分散，根据资产回报率和客户满意度重组业务单位。

1997 年，公司继续扩张，收购了英国的 Perkins 发动机公司。加上前一年收购了德国的 MaK Motoren 公司，卡特彼勒已成为世界领先的柴油发动机制造商。

1998 年，世界最大的非公路用卡车——797 型，在亚利桑那州的卡特彼勒试验场登场。

1999 年，卡特彼勒在全球最大的建筑设备展——美国拉斯维加斯工程机械展上公布了新的紧凑型建筑设备系列，积极响应了客户对更小、更通用的建筑设备的需求。

2000 年，卡特彼勒庆祝成立 75 周年。

2001 年，卡特彼勒是第一家在全球范围启动 6 Sigma 的公司，并且在第一年获得的效益超出了实施成本。

2003 年，卡特彼勒成为第一家整个 2004 型系列清洁柴油发动机完全符合美国环保署(EPA)要求并得到其认证的发动机生产厂商。卡特彼勒突破性的排放控制技术，完全符合环保署的标准，而且无需牺牲性能、可靠性或燃烧效率。

3. 日立(HITACHI) HITACHI

日立建机株式会社(日立建机)隶属于日本日立制作所，在与其合资子公司(日立建机集团)的努力下，凭借其丰富的经验和先进的技术开发并生产了众多一流的建筑机械。成为世界上最大的挖掘机跨国制造商之一。日立建机以其近百年的机械制造经验和雄厚的技术开发能力，制造出了 0.5～800t 各种型号的系列液压挖掘机。日本最大的 800t 级超大型液压挖掘机(即 EX8000)就来自于日立建机。

图 2-18　日立挖掘机

图 2-18 为日立挖掘机。

4. 小松 KOMATSU

小松是著名的工程机械制造商。株式会社小松制作所成立于 1921 年 5 月 13 日。

业务涉及范围：工程机械、工业机械、地下工程机械、电子工程、工程事业、土木工程、运输、流通机械、金属材料制造和销售，软件以及金融、服务业。

图 2-19　为小松挖掘机

小松产业机械（上海）有限公司成立于2004 年 1 月。公司由世界 500 强企业之一日本株式会社小松制作所所属的日本小松产机株式会社全额出资。公司总部设在上海，在广州设有分公司，天津、深圳设有办事处。

图 2-19 为小松挖掘机。

5. 神钢（KOBELCO） KOBELCO KOBE STEEL, LTD.

神钢，集团公司全称神户制钢所，创立于 1905 年，已有 100 多年悠久历史，是日本工业三大主力厂商之一，也是世界 500 强企业。由总公司及 198 个分公司、64 个控股相关联公司组成。

神户制钢集团所经营的产品主要有钢铁、特殊线材和特殊钢板、锻铸钢件、钛、钛合金、焊接材料、铝、铜等素材制品及广泛应用于建设、产业机械与以下水处理机械设备为代表的工程机械等，是进行从素材到成品之间连贯生产的综合性企业。

神钢的核心事业包括原材料事业及机械事业。

神钢的压缩机事业开始于 20 世纪初，1915 年生产了日本第一台压缩机，1956 年生产了日本第一台无油螺杆压缩机，2000 年压缩机事业进入到中国，2005 年上海成立工厂，现已具备年产几千台的生产能力。上海工厂生产的产品主要为微油式及无油式螺杆压缩机。目前，销售市场主要由华东、华南、华北三个销售总公司负责销售、售后服务。

神钢集团的建机事业即神钢建机公司，也始于 20 世纪初，1930 年开始第一台挖掘机的生产与销售，发展到现在已有 80 多年的历史。神钢建机是挖掘机行业中最早进入我国的外资企业。1994 年，神钢建机与成工集团合资成立了成都神钢建设机械有限公司，这是我国挖掘机行业第一个合资企业，成都神钢也是神钢建机在华设立的第一个生产基地。2004 年，神钢建机在华设立的第二个生产基地——杭州神钢建机，该生产基地 2004 年 4 月正式动工兴建，2005 年 4 月开始试生产。至此，神钢建机在中国市场的东西布局、内地与沿海相互策应的战略格局形成。

图 2-20　神钢挖掘机

此外，神钢还在苏州、嘉兴、青岛、佛山等地设有其他事业的生产工厂以及销售公司，诸如焊接材料、铝材等。

图 2-20 为神钢挖掘机。

6. 三一重工 SANY

自 1994 年成立以来，三一重工以年均 50% 以上速度增长，目前已经发展为中国最大、全球第五的工程机械制造商，也是全球最大的混凝土机械制造商。2013 年，公司实现营业收入 373.28 亿元，净利润 29.04 亿元。

三一重工业务和产业基地遍布全球，在国内北京、长沙、上海、昆山、乌鲁木齐等地建有产业园，在印度、美国、德国、巴西建有海外研发和制造基地。

公司产品包括混凝土机械、挖掘机械、起重机械、桩工机械、筑路机械，其中泵车、拖泵、挖掘机、履带起重机、旋挖钻机等主导产品已成为我国第一品牌，混凝土输送泵车、混凝土输送泵和全液压压路机市场占有率居国内首位，泵车产量居世界首位。

秉承“品质改变世界”的使命，三一每年将销售收入的 5% ~7% 用于研发，致力于将产品升级换代至世界一流水平。凭借技术创新实力，三一于 2005 年和 2010 年两次荣获“国家科技进步二等奖”，2012 年荣获“国家技术发明奖二等奖”，成为新中国成立以来工程机械行业获得的国家级最高荣誉。同时，公司首席专家易小刚还获评“首届十佳全国优秀科技工作者”，是工程机械行业唯一获奖者。截至 2014 年，三一重工共拥有授权有效专利 3310 项。

图 2-21　三一重工挖掘机

图 2-21 为三一重工挖掘机。

集团创业历程。

1989 年，梁稳根等创业团队筹资创立湖南省涟源市焊接材料厂。

1991 年，湖南省涟源市焊接材料厂更名为湖南省三一集团有限公司。

1992 年，三一提出“双进战略”——进入大城市长沙，进入大行业工程机械。

1994 年，三一重工的前身湖南三一重工业集团有限公司正式成立。

1995 年，湖南三一重工业集团有限公司更名为三一重工业集团有限公司。

2000 年，三一重工有限责任公司重组成立三一重工股份有限公司。同年，公司混凝土输送泵、泵车实现中国市场份额第一。

2003 年，三一重工在中国 A 股成功上市。

2005 年，三一重工股权分置改革试点成功，为中国股改成功打响第一枪，并被载入资本市场发展史册。

2006 年，三一重工落子印度，投建第一个海外研发和制造基地。

2007 年，三一重工进军美国，投建第二个海外研发和制造基地。

2009 年，三一重工签约德国，投建第三个海外研发和制造基地。同年，公司混凝土机械年销售收入超越德国普茨迈斯特，成为全球第一。

2010 年，三一重工涉足巴西，投建第三个海外研发和制造基地。同年，三一正式提出将“国际化”视为“第三次创业”。同年，三一重工履带起重机参与举世瞩目的智利矿难救援，赢得全球赞誉。

2011 年，三一挖掘机销量超越所有外资品牌跻身于中国市场第一。同年，三一重工以 215.84 亿美元市值荣登英国《金融时报》全球市值 500 强。同年，三一重工 62m 泵车千里驰援福岛核危机现场，被赞为“中国制造”的一张名片。

2012 年，三一重工收购全球混凝土机械第一品牌德国普茨迈斯特，全球新领导者正式诞生。同年，三一重工与随车起重机巨头奥地利帕尔菲格签约成立合资公司。

2013 年，三一重工海外销售收入实现 108 亿元，国际化进入全面盈利时代。同年，三一经营管理入选哈佛案例，全球影响力不断扩大。

2014 年，三一重工旗下三一起重机公司与奥地利帕尔菲格公司实现交叉持股，国际化进程再进一步。同年，三一重工在上海中心大厦实现 620m 的混凝土输送，打破了普茨迈斯特在世界第一高楼迪拜塔创造的 606m 世界纪录。

7. 柳工（LIUGONG） LIUGONG 柳工

广西柳工集团有限公司是以国有资产授权经营方式组建的国有独资企业，创建于 1958 年，核心企业广西柳工机械股份有限公司于 1993 年改制上市，是行业和广西第一家上市公司。2014 年，公司有全资及合资子企业 17 家，总资产 313 亿元，净资产 115 亿元，归属于母公司股东的所有者权益为 41.8 亿元。集团总部及下属控股子公司现有员工 1.6 万人，外籍员工近 1700 人，占比达 11%；大专以上学历员工占 45.74%；技能工人中，中级以上员工占比达 85%。

柳工先后荣获中国 500 强企业、世界工程机械 50 强企业、中国企业信息化 500 强企业、“全国质量效益型先进企业”、国家第二批创新试点企业、2008 年和 2014 年两次荣获中国企业经营领域最高奖——全国质量奖，2009 年列为全国十家国有典型企业之一，荣获“CCTV 60 年 60 品牌”大奖，2011 年荣获“装备中国功勋企业”、“全国文明单位”等称号，2012 年荣获“全国创先争优先进基层党组织”，2013 年荣获“全国五四红旗团委”称号，被誉为“中国工程机械行业排头兵”、“中国装备制造业的示范旗帜”。

柳工具备一流的自主创新实力，设有两个国家级企业技术中心和两个博士后工作站，其自主开发为主，多种合作开发辅助的创新发展模式，构筑起柳工强大的国际化研发平台。

柳工拥有全球领先的产品线，涉及挖掘机械、铲土运输机械、起重机械、工业车辆、压实机械、路面施工与养护机械、混凝土机械、桩工机械、钢筋和预应力机械、气动工具、工程机械配套件 11 大类产品品种，30 种整机产品线。主要产品有：装载机、液压挖掘机、推土机、平地机、压路机、汽车起重机、叉车、旋挖钻机、混凝土泵车、装载机传动件和柴油发动机等。其中，柳工牌装载机是中国第一品牌，装载机产品销售收入多年持续保持国内行业第一；预应力锚具、桥梁拉索及旋挖钻机、液压连续墙抓斗等产品连续多年居于行业前列；挖掘机业务发展相当迅速，短短几年便进入国内民族挖掘机品牌前列。

柳工的制造工厂和营销网络布局初具规模。目前，在全国拥有包括柳州、上海、镇江、江阴、扬州、常州、蚌埠、天津等在内的国内制造基地，柳工打造了行业最具竞争力的全球营销和服务配件网络，在国内有 90 多家实力雄厚的一级经销网络和 400 多家经销服务网点，保证了公司以最快的速度对市场作出反应。

近几年柳工实施国际化战略成效显著，柳工海外销售收入占比超过了 20%，目前柳工在美国、巴西、印度等地区分别成立了面向国际区域的 10 家海外营销子公司，建立了 8 个零部件和服务中心，共拥有海外经销商 268 家，覆盖全球 136 个国家和地区。2008 年在

图 2-22　柳工挖掘机

印度开始建设柳工第一个海外制造工厂，2011 年收购波兰 HSW，建立欧洲制造基地。

柳工集团的战略目标是打造“产业经营与资本运作能力卓越、具有独特服务型制造模式的先进制造企业”，以“制造引领，服务推动，德广行远，顺势超越”的核心发展思路为动力，发展工程机械、混凝土机械、建筑机械、矿山机械等整机产品业务板块，加大自主创新力度，加快国际化步伐，向“成为装备制造业世界级企业集团”的目标全速行进。

图 2-22 为柳工挖掘机。

8. 玉柴（YUCHAI）　玉柴集团 YUCHAI GROUP

玉柴集团创建于 1951 年，总部设在玉林市。现有 30 家全资、控股、参股子公司，员工 17000 人，总资产 175 亿元，是我国最大的内燃机生产基地、最大的中小型工程机械生产出口基地，柴油发动机单厂产销规模居重中型商用车领域全球第一位，被誉为“中国绿色动力之都”。玉柴集团先后荣获“全国用户满意产品”、“中国名牌产品”、“全国用户满意企业”、“中国十大诚信企业”、“全国质量奖”、“全国文明单位”、“中国驰名商标”、内燃机工业“百年成就奖”等国家级荣誉。2009 年，玉柴位列中国企业 500 强排行榜第 265 位，中国机械 500 强第 21 位，中国 500 个最具价值品牌第 111 位，品牌价值 71. 19 亿元。近年来，玉柴以柴油机销量年均超过 30% 的速度高速发展。2009 年，玉柴集团顺利突破金融危机的负面影响，销售收入超过 271 亿元，销售各型柴油机 67. 5 万台，连续九年位居行业首位；15t 以下挖掘机总销量排名国内行业第二位，并再次蝉联行业 15t 以下挖掘机出口量第一。

图 2-23 为玉柴挖掘机。

图 2-23　玉柴挖掘机

玉柴集团发展史。

1951 年 7 月建厂，名称为玉林泉塘工业社。

1957 年，开始大批生产机械零件和内燃机配件。

1958 年，玉柴试制成功第一台 1140 型煤气机，使企业从此走上了生产动力机械的轨道，实现了历史性转折，奠定了企业生产动力机械的信念。

1960 年，试制成功广西第一辆工农牌汽油车。

1964 年，2105 型柴油机开始出口，此后销往 18 个国家。

1965 年，开始生产系列化柴油发电机组，并被确定为军品定点生产企业，为军方提供自动控制式柴油发电机组。

1969 年，生产南疆牌汽车。

1966 年，2105 柴油机获全国行业质量评比第一名。

1988 年，研制 YC4110Q 型车用柴油机。

1989 年，开发出具有国际先进水平的小型液压挖掘机，并批量出口德国、法国、美国、加拿大。

1992 年，玉柴全套引进美国福特技术柴油机生产线，生产后来被用户誉为“玉柴王”的 YC6112 系列柴油机。

1993 年，引进来自美国、新加坡等国家和地区的 5230 万美元外资，将玉柴机器股份有限公司改制为中外合资股份制企业，实现了玉柴发展史上的重大转折。

1994 年，中国玉柴国际股票在纽约正式上市，再次募集资金 7500 万美元。

1995 年，YC6105QC 柴油机在全国市场的占有率达 49%。玉柴被国家统计局、中国技术进步评价中心和第 50 届国际统计大会中国组委会联合命名为“中国最大内燃机生产基地”。

2003 年，玉柴实现产销柴油机 17.5 万台，在独立核算的商用车柴油机生产企业中，跃升为全球第一，在中国企业 500 强中排名第 334 位。

2004 年，玉柴集团位列中国企业 500 强排行榜第 255 位；中国企业信息化 500 强排行榜第 159 位；中国外商投资企业 500 强排行榜第 117 位；中国机械工业企业 500 强排行榜第 39 位。

2005 年，投资兼并成立玉柴专用汽车有限公司。

2005 年，玉柴集团位列中国企业 500 强排行榜第 231 位；中国大企业集团 500 强排行榜第 188 位；中国制造业 500 强排行榜第 116 位；中国企业信息化 500 强排行榜第 100 位；中国机械工业企业 500 强排行榜第 37 位；中国汽车零部件百强企业第 3 名；动力设备制造业第 1 名。

2006 年 2 月，玉柴第 1000 台国 3 柴油机下线，第一台国产国 4 柴油机在玉柴问世。

2006 年 6 月，玉柴品牌价值达 46.82 亿元，国内品牌排名第 119 位。

2006 年 7 月，入选中国机械工业 500 强，排名第 25 位。

2006 年 9 月，入选亚洲品牌 500 强，排名第 388 位。

2006 年，产销柴油发动机突破 36 万台，销售收入超 140 亿元，产销规模连续三年保持国内行业第一；玉柴牌挖掘机出口销量 1099 台，出口销量位居中国挖掘机行业第一位。

2007 年 6 月，玉柴首台 YC225LC7 挖掘机出口新西兰，填补了玉柴中型挖掘机出口空白。

2007 年 6 月，玉柴品牌价值上升至 53.36 亿元，国内品牌排名第 117 位。

2007 年 10 月，玉柴挖掘机 YC-8 系列新产品成功下线。

2009 年 5 月，首台大功率船用柴油发动机成功下线。

2009 年，玉柴实现销售收入 271 亿元，发动机销售 67 万台，连续 9 年发动机产销量位居国内行业首位。

2010 年 6 月 4 日上午，玉柴重工与日本株式会社 HYEST 有限公司举行战略合作签约仪式，这标志着玉柴重工与 HYEST 公司的战略合作迈上了新的台阶。HYEST 公司将给玉柴重工提供高品质的液压元件，协助玉柴重工打造出世界知名品牌。

2011 年 7 月 4 日，广西玉柴重工有限公司首次跻身全球工程机械企业 50 强。

9. 徐工（XCMG）

徐工集团成立于 1989 年 3 月，成立 25 年来始终保持中国工程机械行业排头兵地位，位居世界工程机械行业第 5 位，中国 500 强企业第 122 位，中国制造业百强第 49 位，中国机械工业百强第4位,是中国工程机械行业规模最大、产品品种与系列最齐全、最具竞争力和影响力的大型企业集团。

徐工建立了覆盖全国的营销网络,在全球建立了280多个徐工海外代理商为用户提供全方位营销服务,徐工产品已出口世界158个国家和地区,2012年实现出口突破13.6亿美元,连续24年保持行业出口额首位。徐工的9类主机、3类关键基础零部件市场占有率居国内第1位;5类主机出口量和出口总额持续位居国内行业第1位;汽车起重机、大吨位压路机销量全球第1位。徐工集团秉承"担大任、行大道、成大器"的核心价值观和"严格、踏实、上进、创新"的企业精神。

图2-24 徐工挖掘机

图2-24为徐工挖掘机。

徐工集团发展简史。

奋斗近20年的徐工,从1989年成立时3.8亿元的规模,到2003年缔造中国行业第一个百亿级企业集团,再到连续三年实现百亿级跨越,形成了"严格、踏实、上进、创新"的企业精神,构建了"担大任、行大道、成大器"的核心价值观。如今,徐工集团正围绕着"成为极具国际竞争力、让国人为之骄傲的世界级企业"愿景,向着实现千亿元世界级目标阔步迈进。

徐工在2004年获得行业首个"中国驰名商标",徐工牌装载机2004年获"中国名牌产品",徐工在品牌榜上的突出表现,是徐工在过去数十年中成功经营的结果,是市场千锤百炼的结晶,是建设品牌、传播品牌的成果。《2005年中国工程机械本土品牌调查报告》在《中国工程机械》杂志2005年第5期上发布,徐工以知名度、认知度、美誉度均名列第一的成绩再次荣登榜首,成为中国工程机械最具竞争力品牌。

1993年,被国务院发展中心评为"国家500强最大工业企业"。

1994年,荣获机械工业部颁发的"中国机械工业百家最大企业"称号。

1997年4月,被国务院批准为全国120家试点企业集团,是国家520家重点企业,国家863/CIMS应用示范试点企业。

1998年,被国家机械工业局评为"机械工业管理基础规范化企业"。

2004年,被中国企业管理协会评为"中国企业500强"。

2004年,获得中国机械工业政研会颁发的"全国机械行业文明单位"称号。

2005年,荣获国家统计局颁发的"中国机械工业销售收入100强企业"称号。

2007年,获得中国机械工业联合会颁发的"2007年度中国机械工业100强"称号。

2008年12月30日,世界权威的品牌价值研究机构——世界品牌价值实验室举办的"2008世界品牌价值实验室年度大奖"评选活动中,徐工凭借良好的品牌印象和品牌活力(良好的品牌行业领先性和品牌公众认知度),荣获"中国最佳信誉品牌"大奖。

2006(第一届)、2007、2008、2009年,均获《中国100最佳雇主榜单》称号。

2011年7月,在《中国工程机械》组织的评选中,徐工集团以51.87亿美元的销售额,位列世界工程机械品牌第七名，中国第一名。

2011 年 11 月 22 日发布的《中国企业竞争力报告(2011)》蓝皮书上，华锐风电科技(集团)股份有限公司、徐工集团、中国长城计算机深圳股份有限公司位居前三强，徐工集团名列第二。

2012 年 7 月 30 日，由中国上市公司发展研究院、中国排行榜网与《南方企业家》杂志社联合组织评定的“中国排行榜·2012 中国上市公司最具投资价值 100 强”在广州揭晓。徐工集团工程机械股份有限公司榜上有名，排名第 56。

2012 年，全年成功受理专利 103 项。

2013 年，中央电视台二套黄金时间播出的《大国重器》是第一部宣传我国装备制造业创造、创新的大型电视纪录片，由徐工集团与中石化第十建设有限公司联合研发的 4000t 地面履带起重机，在烟台万华项目首次启用，这些经典镜头在纪录片的第二集里进行了展示，宣传了我国自主研发大型吊装设备的壮举。

2013 年度最佳雇主品牌。

10. 中联重科(ZOOMLION) 中联重科

中联重科股份有限公司创立于 1992 年，前身为 1956 年在北京设立的长沙建设机械研究院，主要从事建筑工程、能源工程、环境工程、交通工程等基础设施建设所需重大高新技术装备的研发制造，是一家持续创新的全球化企业。

公司生产具有完全自主知识产权的 13 大类别、86 个产品系列，近 800 多个品种的主导产品，为全球产品链最齐备的工程机械企业。公司的两大业务板块，混凝土机械和起重机械均位居全球前两位。公司注册资本 77.06 亿元，员工 3 万余人。

2012 年，中联重科下属各经营单元实现收过 900 亿元，利税过 120 亿元。

图 2-25 为中联重科挖掘机。

图 2-25 中联重科挖掘机

中联重科发展历史。

中联重科 1956 年成立于北京。1969 年迁至湖南。曾隶属于第一机械工业部、建设部、中央企业工委。

1992 年 9 月 28 日，中联重科的前身——长沙高新技术开发区中联建设机械产业公司正式挂牌成立。

1993 年 7 月，公司以贸易带生产，以生产促贸易，以科技为中心，开发生产了第一代混凝土输送泵，第一台 HBT40 泵于 7 月 1 日下线，当年完成销售额 500 万元，实现利税 230 万元。

1994 年 1 月，原长沙建机院混凝土机械研究室、机械厂成建制并入中联公司，中联公司从此有了自己的研发队伍和生产基地。

1994 年 8 月，由于 1994 年初中联第一代混凝土泵产品不尽完善、故障较多，因此公司痛下决心，在市场销售良好的情况下全面停产。当年 7 月成功研制出第二代混凝土泵，并免费换回前期销出的 10 台产品。此举对中联重科的品牌塑造和公司后来的发展，具有至关重要的作用。

1994 年 12 月,1994 年公司完成营销及技术收入 4000 万元,创利税 1200 万元,长沙市政府授予利税超 1000 万元企业奖牌。

2001—2003 年,并购了湖南机床厂、中标实业、浦沅集团。

2003 年,划归湖南省属地化管理。建机院集工程机械科研开发和行业技术归口于一体,是我国工程机械行业技术的发源地。

2008 年,连续并购陕西黄河工程机械集团、意大利西法(CIFA)公司、湖南车桥厂、华泰重工、信诚液压。

2010 年,中标实业的收入、利润分别是并购时的 9.11 倍和 9.33 倍;浦沅集团的收入、利润分别是并购时的 10.28 倍和 192.1 倍。

2011 年,中联重科自主研发制造的全球最大吨位履带起重机 ZCC3200NP 成功下线,打破了国外对于 3000t 级履带起重机的垄断。

中联重科与中铁大桥局联合研制的世界最大水平臂上回转 D5200 - 240 塔式起重机顺利生产下线。

2012 年 6 月 18 日上午,中联重科举行 2012 年度股东大会,董事长詹纯新首次公开公司产业战略。大会表示"工程机械只是中联重科的业务板块之一,公司未来将会是工程机械、环境产业、农业机械、重型卡车、金融服务 5 大业务板块齐头并进。"

2012 年 9 月 28 日,中联重科举行庆祝公司成立 20 周年大会。当日,国内首个工程机械展馆——中联重科工程机械馆在中联重科麓谷工业园落成。同时,中联重科研发的全球最长 7 桥 7 节臂 101m 泵车、全球工作幅度最长的塔式起重机 D1250 - 80、全球起重能力最强的汽车起重机 ZACB01 三款吉尼斯世界纪录产品发布。

2012 年,中联重科与印度 EM 公司签订合资建厂协议,这是中联重科第一个海外直接投资建厂项目。

2013 年 12 月 25 日,中联重科召开新闻发布会,宣布正式收购全球干混砂浆设备品牌——位于德国诺伊恩堡(Neuenburg)的 M - TEC 公司。

2014 年 8 月 20 日,中联重科、弘毅投资与奇瑞重工共同宣布,中联重科以 20.88 亿元收购奇瑞重工 18 亿股股份,占总股本的 60%。弘毅投资则以 6.96 亿元取得奇瑞重工 6 亿股股份,占总股本的 20%。中联重科表示,将借助此项收购进入农业机械行业,在城镇化发展中形成新的利润增长点。

第三章 铲运机械

学习目标

1. 能讲述铲运机械的发展史；
2. 熟悉国内外著名铲运机械企业的企业文化。

铲土运输机械由装载机、推土机、平地机、铲运机及矿用载重自卸车五大类组成。平地机、铲运机在世界工程机械中呈下降趋势，1999—2001 年国内自行式铲运机 3 年没有生产，3 年只销售了 24 台。拖式铲运机由年销售 2000 多台下降为 2001 年的 200 多台。在“十一五”期间，随着国家对基建投资力度的增大，铲运机械也表现出稳健上升的发展特点，特别是装载机、推土机，总体销量有了跨越式提升，其中，装载机销量由“十五”期间的近 36 万台增长到“十一五”期间的超过 80 万台；推土机在“十一五”期间的销量变化呈逐年递增趋势，2010 年以 13911 台的销量达到最高峰，与 2006 年相比，增长了 131.66%。进入“十二五”期间，铲运机械彻底告别“高速增长”时代，各个机型销量均有不同程度下降，但是，随着国家“一带一路”战略的出台，这个行业发展潜在空间巨大。

第一节 推 土 机

一、推土机主要用途和类型

1. 推土机的主要用途

推土机的用途十分广泛，是铲土运输机械中最常用的作业机械之一，在土方施工机械中占有十分重要的地位。推土机在公路、铁路、机场、港口等交通运输建设中，在矿山开采、农田改造、水利兴修、大型电站和国防建设施工中发挥着巨大的作用。

推土机是一种短距离自行式铲土运输机械，主要用于 50～100m 的短距离施工作业。推土机主要用来开挖路堑、构筑路堤、回填基坑、铲除障碍、清除积雪、平整场地等，也可用来完成短距离内松散物料的铲运和堆集作业。当自行式铲运机牵引力不足时，推土机还可作为助铲机，用推土板进行顶推作业。推土机配备松土器，可翻松Ⅲ、Ⅳ级以上硬土、软石或凿裂层岩，配合铲运机进行预松作业，配合液压反铲挖掘装置和绞盘拖曳等附属工作装置，可进行挖掘和救援拖曳等作业。推土机还可利用挂钩牵引各种拖式机具（如拖式铲运机、拖式振动压路机等）进行作业。

2. 推土机的类型

（1）按推土机发动机功率的大小可分为，小型推土机（37kW 以下）、中型推土机（37～250kW）和大型推土机（250kW 以上）三类。

（2）按走行方式可分为，履带式和轮胎式两种。

履带式推土机的附着性能好、牵引力大、接地比压小、爬坡能力强，能适应恶劣的工作环境。履带式推土机具有优越的作业性能，是推土机重点发展的机种。轮胎式推土机行驶速度快、机动性能好、作业循环时间短、转移方便迅速、不损坏路面，特别适合在城市建设和道路维修工程中使用。轮胎式推土机制造成本较低、维修方便，近年来也有较大的发展。但轮胎式推土机的附着性能远不如履带式，在松软潮湿的场地施工时驱动轮容易滑转，降低了生产效率，严重时还可能造成车辆沉陷，甚至无法施工。在开采矿山等恶劣条件下，轮胎式推土机如遇上坚硬尖锐的岩石，容易引起轮胎急剧磨损，因此轮胎式推土机的使用范围受到一定的限制。

（3）按推土机的传动方式可分为，机械式、液力机械式、全液压式和电气传动式四种。

采用机械式传动的推土机具有工作可靠、制造简单、传动效率高、维修方便等优点；但操作费力，传动装置对载荷的自适应性差，容易引起发动机熄火，降低作业效率，在大、中型推土机上已较少采用机械式传动。

液力机械式传动是现代推土机采用的主要传动形式。采用液力变矩器和动力换挡变速器组合传动装置，具有自动适应外负荷变化的能力，发动机不容易熄火，且可负载换挡，减少换挡次数，操纵轻便灵活，作业效率高。施工经验证明，采用液力机械式传动的推土机，比同功率机械式推土机的生产效率要高 50% 左右。液力机械式传动的缺点是液力变矩器在工作过程中容易发热，降低了传动效率；同时，传动装置结构复杂，制造精度高，提高了制造成本，也给维修带来了不便和困难。

全液压传动式推土机的传动装置结构紧凑，操纵轻便，可实现原地转向。采用低速大转矩液压马达驱动可获得与外负荷相适应的牵引特性曲线，并能在不同负荷工况下稳定发动机转速，充分利用发动机功率。静液压驱动可实现自动无级调速，运行平稳，无冲击。但全液压式传动由于液压元件制造精度要求高，特别是低速大转矩液压马达制造难度较大，增加了制造成本，且耐用度和可靠性较差，维修困难，故目前全液压式传动的推土机使用还很少。

电传动式采用电动机驱动，结构简单，工作可靠，不污染环境，作业效率高。此类推土机一般用于露天矿山开采或井下作业。因受电力和电缆的限制，电传动式推土机的使用范围受到很大的限制。

（4）按推土机作业环境可分为，地面普通式、两栖式和水下式三种。

普通式推土机通用性好，可广泛用于各类土石方工程施工作业；两栖型推土机主要用于浅水区或沼泽地带作业，也可在陆地上使用。潜入水下作业时，发动机必须通过伸出水面的导气管进气和排气，并通过无线电进行遥控和操纵。深水式推土机适合于海底潜水作业，并配备辅助工程船提供电力，通过电缆驱动水下推土机。

(5)按推土板安装方式分为,固定式和回转式两种。

固定式又称为直铲式。这种方式推土板的角度不可调,现在只用于小型推土机上。

回转式因推土板的角度可以调整,故可实现斜铲和侧铲作业,扩大了推土机的作业范围。现在大、中型推土机上一般都采用回转式。

二、推土机发展史

履带式推土机(track - type tractor,也称 crawler dozer)是由美国人本杰明·霍尔特(Benjamin Holt)在 1904 年研制成功的,它是通过在履带式拖拉机前面安装人力提升的推土装置而形成的,当时的动力是由蒸汽机提供,之后又先后研制成功由天然气驱动和汽油机驱动的履带式推土机,推土铲刀也由人力提升发展为钢丝绳提升。Benjamin Holt 也是美国卡特彼勒公司的创始人之一,1925 年 Holt 制造公司和 C. L. Best 推土机公司合并,组成卡特彼勒推土机公司,成为世界首家推土设备制造者,并于 1931 年成功下线第一批采用柴油发动机的 60 推土机。随着技术的不断进步,目前推土机动力已经全部采用柴油机,推土铲刀和松土器全部由液压缸提升。推土机除履带式推土机外,还有轮胎式推土机,它的出现要比履带式推土机晚十年左右。由于履带式推土机具有较好的附着性能,能发挥更大的牵引力,因此其产品的品种和数量远远超过轮胎式推土机。在国际上,卡特彼勒公司是世界上最大的工程机械制造公司,其生产的履带式推土机有大、中、小共 9 个系列,最大的 D11R CD 型推土机,柴油机飞轮功率达到 634kW,如图 3-1 所示;日本的小松公司列第二位,1947 年才开始引进生产 D50 履带推土机,现在履带式推土机有 13 个系列,最小的为 D21 型推土机,柴油机飞轮功率为 29.5kW,最大的为 D575A-3SD 型推土机,柴油机飞轮功率达 858kW,它也是当前世界上最大的推土机,图 3-2 为小松 D60P 型推土机;另外一家独具特色的推土机制造企业是德国的利勃海尔集团,其推土机全部采用静液压驱动,该技术历经十几年的研究与发展,由 1972 年推出样机,1974 年开始批量生产 PR721-PR731 和 PR741 静液压驱动履带推土机,由于液压元件的限制,目前其最大功率仅为 295kW,型号为 PR751 矿用。

图 3-1 卡特彼勒 D11R CD 型推土机

图 3-2 小松 D60P 型推土机

上述三家推土机制造企业,代表了当今世界上履带式推土机的最高水平。其他几家履带推土机制造企业,如约翰迪尔、凯斯、纽荷兰和德瑞斯塔,其生产技术水平也较高。

三、我国推土机发展史

我国生产推土机,是新中国成立以后才开始的。据记载,我国第一台推土机于 1955

年诞生在太原矿山机器厂,但未进入定型批量生产。1958 年天津机械修配厂(天津建筑机械厂)自行研制成功移山-80 型履带式推土机,见图 3-3,这个实际上成为我国履带式推土机制造的起点。

图 3-4 为柳工第一台 80hp 履带式推土机。

图 3-3　移山-80 型推土机

图 3-4　柳工履带式推土机

1961 年,一机部五局组建以后,成立了工程机械研究所,划出一部分工厂归一机部五局管理,并承担推土机的生产。那时的推土机产品主要是在东方红 54 型和红旗 80 型履带式拖拉机基础上进行改装设计的,功率在 80hp 以下。

图 3-5 为东方红 60 型推土机。

图 3-6 为东方红 802 型推土机。

图 3-5　东方红 60 型推土机

图 3-6　东方红 802 型推土机

1964 年,宣化工程机械厂开始仿制新型的 120hp 液压操纵推土板升降的履带式推土机,该机具有机体刚性大、重心低、稳定性好、操作方便等优点,随即迅速形成批量生产。从此,我国开始了自制推土机底盘的发展阶段,也是履带式推土机形式与基本参数标准形成的开始。

1975 年,由天津工程机械研究所牵头,组织了山东济宁机器厂(山东推土机总厂)、黄河工程机械厂、宣化工程机械厂、天津建筑机械厂、沈阳桥梁厂、长春工程机械厂、吉林工业大学、铁道部工程一局和二局共 10 个单位的联合设计组,设计开发了 180hp 履带式推土机。该机型成为我国当时推土机的重点产品,也标志着我国推土机技术从仿制走向自行设计的阶段。1979 年,在此基础上,一机部颁布了《履带推土机形式与基本参数》标准,规定了履带式推土机主参数以驱动功率为依据,共分 100hp、120hp、140hp、200hp、320hp、

410hp、600hp7 个等级，从此我国的推土机发展走向正规化。

图 3-7 为山推早期推土机产品。

随着国民经济的发展，大型矿山、水利、电站和交通等部门对中大型履带式推土机的需求不断增加，我国中大型履带式推土机制造业虽有较大发展，但已不能满足国民经济发展的需要。为此，自 1979 年以来，我国先后从日本小松公司和美国卡特彼勒公司引进了履带式推土机生产技术、工艺规范、技术标准及材料体系，经过消化吸收和关键技术的攻关，形成了目前以小松技术产品为主导的格局。

从 20 世纪 60 年代至今，国内推土机行业的生产企业一直较少，原因是推土机产品的加工要求高、难度大，批量生产需要较大的投入，因此一般企业不敢轻易涉足。但是随着市场的发展，从“八五”开始，国内一些大中型企业根据自身实力，开始兼营推土机，如内蒙古第一机械厂、徐州装载机厂等，扩充了推土机行业队伍。与此同时，也有少数企业由于经营不善、不适应市场发展的需要开始走下坡路，有的已经退出本行业。目前，国内推土机的生产企业主要有：山推工程机械股份有限公司、河北宣化工程机械股份有限公司、上海彭浦机器厂有限公司、天津建筑机械厂、陕西新黄工机械有限责任公司、一拖工程机械有限公司等。这些单位的推土机产品市场占有率不断提高，并开始进入国际市场。

图 3-8 为全球最大推土机。

图 3-9 为中国最大马力推土机，由山推制造生产。

图 3-10 为小松 D575A-3SD 型推土机。

图 3-7　山推早期推土机产品

图 3-8　全球最大推土机

图 3-9　中国最大马力推土机

图 3-10　小松 D575A-3SD 型推土机

四、我国常见推土机品牌和企业文化

1. 山推 SHANTUI

山推工程机械股份有限公司创建于1980年，是我国生产、销售铲土运输机械、压实机械、路面机械、建筑机械、工程起重机械等主机及工程机械关键零部件的国家大型一类骨干企业。全球建设机械制造商50强、中国制造业500强。产品涵盖推土机、吊管机、推耙机、平地机、装载机、压路机、垃圾压实机、混凝土搅拌运输车、混凝土臂架式泵车、履带起重机、高空作业车、消防车、履带底盘、工程机械“四轮”、传动部件、金属结构件等系列、140多个规格型号的产品。2009年6月18日，成立山东重工集团，山推成为其权属子公司。2011年，山推实现营业收入147.02亿元，同比增长9.72%，实现较快发展。

目前，国内已形成山推国际事业园、山推重工事业园、山推武汉产业园、山推抚顺产业园四大产业基地，总占地面积达200万 m^2，并在阿联酋、南非、俄罗斯、巴西等地建立子公司。公司生产能力和制造水平、产品质量处于国内领先和贴近国际先进水平。拥有国家级技术中心、山东省工程技术研究中心和博士后科研工作站等创新平台。年生产能力已达到1.5万台推土机、7000台道路机械、5000台混凝土机械、18万条履带总成、16万台液力变矩器、5万台变速器、140万件工程机械“四轮”。公司拥有健全的销售体系，完善的销售服务网络，产品遍及全国，远销海外130多个国家和地区。

图3-11　山推推土机

图3-11为山推推土机产品。

山推发展历程。

1980年1月，由济宁机器厂、济宁通用机械厂、济宁动力机械厂合并成立山东推土机总厂，隶属中国机械工业部。

1980年，山推引进日本小松D85A-18推土机制造技术生产的第一台山推牌TY220推土机下线。

1989年，山推在国内同行业首创工程机械产品年出口超1000万美元。

1990年，山推牌TY220推土机荣获国家金质奖，并获得1000h推土性能试验国内同行业优胜第一名。

1995年，山推引进日本小松液压挖掘机械机制造技术。

1995年，山推成立国家级技术中心。

1996年3月，中国工程机械企业管理协会[1996]5号文表彰该厂为中国机械工业优秀企业。

1996年4月30日，山东省政府以“鲁政字[1996]76号文”印发的《山工集团改制实施意见》，决定取消山推总厂法人资格，整建制并入山东工程机械集团有限公司。

1996年12月20日，山东工程机械集团有限公司正式挂牌运营。

1997年1月22日，山推股份在深交所挂牌上市。

1997 年 5 月 6 日，小松山推工程机械有限公司开业庆典，机械部部长何光远、农业装备司高司长、山东省副省长韩寓群、省经委孙光远主任、日本小松公司安崎晓社长等参加开业仪式。

1997 年 12 月，该厂被全国用户满意工程联合推进办公室评为“97 年全国用户满意工程机械先进单位”。

1998 年 12 月 25 日上午 10:00，山推股份公司举行山推牌 TY220 推土机 5000 台下线庆典活动。董事长向第 5000 台 TY220 用户中铁二十局设备处递交车钥匙，并颁发 5000 台纪念证证书。

1999 年 3 月 15 日期间，由北京消费者协会、北京经济报社联合举办的消费者权益调查活动中，该公司山推牌产品在本次调查中取得“工程行业十佳品牌第一品牌”荣誉称号。

1999 年 11 月，该公司生产的山推牌推土机，在 99 国产土方、起重机械产品质量用户评价调查中，被中国质量管理协会用户委员会、中国质协用户委员会、建设机械设备委员会授予连续四次（十二年）被广大用户推荐为“满意产品”称号。

2000 年 5 月 16 日，由该公司自行研制开发的小功率 T70 推土机在液变厂顺利下线，填补了公司小功率推土机的空白。

2000 年 6 月 22 日，该公司“山东山推工程机械股份有限公司“更名为”山推工程机械股份有限公司”，并发布公告。

2000 年 7 月 3 日，接中国质量协会的通知，该公司荣获“2000 年全国 315 优质服务月先进单位”，山东省只有该公司和青岛海尔集团两家入选。

2002 年 2 月，由履带厂市场技术开发科研发的 YZ18 液压振动压路机、YZ18J 机械振动压路机下线问世。

2002 年 2 月，公司被山东省机械工业办公室评为“山东省机械行业 2001 年度销售收入利税总额五十强企业”。

2002 年 5 月，山推股份公司试制生产的 DGY25 液压吊管机一次装机调试成功。

2002 年 10 月 2 日，山推股份公司与日本国 TOPY 工业株式会社、日本国 TOPY 实业株式会社签订了合资合同，决定在青岛共同出资组建“青岛东碧山推机械有限公司”，于 10 月 14 日领取了企业法人营业执照。

2002 年 11 月 4 日晚 8:30，公司年内第 1000 台推土机顺利下线入库，主机产出首次突破年产千台大关。

2002 年 11 月，公司生产的 TD80B、TY130B 型履带式推土机和 DGY25 型液压履带式吊管机顺利通过省级鉴定。

2002 年 11 月 22 日，TSY160BL 超湿地推土机顺利下线，该机型为 TSY160L 超湿地推土机的换代产品。

2002 年 12 月，山推股份公司、山推机械公司与日本株式会社小松制作所签订了合资合同，决定在济宁出资组建“山东山推工程机械结构件有限公司”，并领取了企业法人营业执照。

2003 年 3 月，省机械工业办公室根据 2002 年统计年报，从全省机械大行业两万多家企业中评选出“全省机械工业销售收入百强企业”和“全省机械工业利税总额百强企业”。该公司凭借2002年销售收入和利税总额,分别位列百强企业的第26位和第7位。

2003年11月,2003年度山东省机械工业科技进步奖揭晓,该公司有多个项目获奖。其中,新型320hp(TY320)履带式推土机获一等奖;DG45、DG70型履带式吊管机,SD08履带式推土机的信息系统在物流管理中的应用获二等奖;PC200-7引导轮体中频淬火工艺研究获三等奖。

2004年5月,公司被山东省机械工业办公室授予“山东省机械工业出口创汇先进单位”称号,是济宁市唯一一家获此殊荣的企业。

2004年12月14日,山推国际事业园道路机械公司装配生产线正式启用暨首台SR2OM压路机的顺利下线仪式准时进行。

2005年3月,公司与德国格林(GRüN)公司合资共同组建山东山推格林路面养护机械有限公司。

2005年9月,在刚结束的2006年中国制造业500强暨大型工业企业信息发布年会上,公司再获殊荣。在中国制造业500强中,按主营业务收入,山推列排行榜347名。在中国大型工业企业排序中,国家统计局按照标准认定2006年度中国大型工业企业共2387家中,山推列434名。

2005年10月12日上午,我国首台最大吨位垃圾压实机SR33YR和我国首台最大功率推土机SD42-3分别在山推国际事业园道路机械分公司和公司本部装配分厂顺利下线。

2005年10月19—22日,公司在第八届北京国际工程机械展览与技术交流会上首次启用了山推新标识,展出的SD42-3、SR33YR等新产品被评为“工程机械造型与外观质量评比一等奖”。

2005年11月,全国建设机械设备用户委员会在广西柳州召开了四届五次年会,公司生产的推土机第六次(连续18年)被用户评定为“用户满意产品”,山推股份公司被推荐为“售后服务满意单位”。

2005年11月8日,山推股份与瑞典著名建机制造商VOLVO集团公司合作协议签字仪式在山推国际事业园举行,这是山推历史上又一次与国际著名公司的成功合作,标志着山推底盘件将成为VOLVO的全球供应商和合作伙伴。

2005年12月底,公司实现出口创汇6055万美元,出口主机533台,其中推土机455台,均创历史最高水平。

2006年,公司入围全球建设机械制造商50强。

2007年9月,山推牌推土机荣获“中国名牌”称号。

2008年11月, 型号为SD10YE的100hp全液压推土机试制成功。

2009年11月3日,北京工程机械展览与技术交流会(BICES2009)后,在BICES组委会组织安排下,经过评审委员会的认真评选,山推SD52-5大功率推土机荣获2009北京工程机械展览与技术交流会“工程机械造型与外观质量评比一等奖”。

2. 宣工 HBXG

河北宣化工程机械股份有限公司始建于1950年,是经营推土机、装载机、压路机、吊管机、挖掘机等工程机械及系列产品、配件制造及销售的大型国有企业,是国内唯一高驱动推土机研制和生产厂家，是集产、供、销、服务为一体的华北地区工程机械行业龙头企业。

1999年7月，河北宣化工程机械股份有限公司成功在深交所上市，成为河北省机械行业第一家上市公司。

公司主要产品有140～430hp履带推土机及其变型产品，主要包括T140-1、T165-2、TS165-2、TY165-2、SD6G平架系列和SD7、SD8B、SD9高驱动系列。其中：SD6G推土机是20世纪80年代引进美国卡特彼勒公司制造技术生产的产品。自行研制开发的T140系列推土机技术水平和性能在全国同类机型中处于领先水平，先后获得省科技进步三等奖和国家科技进步三等奖。SD7～SD9高驱动系列推土机，采用独特的驱动轮高置结构及整机和零部件的模块化设计，动力系统寿命长、作业效率高、维修方便、操作舒适，填补了国内空白，成为公司出口创汇产品，具有良好的国内国际信誉。

图3-12为宣工推土机。

图3-12 宣工推土机

宣工发展历程。

2003年12月，公司生产主机突破2000台大关。

2005年1月，宣工牌工程机械系列产品荣获2004年度中国工程机械十大影响力品牌。

2005年7月，SD7高驱动履带推土机、TY165-2履带推土机被评为高新技术产品。

2005年12月，公司研制生产的SY8振荡—振动压路机、ZL60轮式装载机、SD7高驱动推土机分别被国家科技部、国家发改委评定为国家重点新产品。

2007年9月，宣工牌履带式推土机被国家质量监督检验总局授予“中国名牌产品”称号。

2007年9月，公司被河北省认定为高新技术企业。

2007年9月，SD9高驱动推土机研制成功，是我国目前最大功率推土机产品。

2008年5月，公司完成股权分置改革工作。

2009年4月25日，“宣工”及“图”被国家工商总局认定为驰名商标。

3. 移山

天津移山工程机械有限公司（原中国人民解放军六四四三工厂、天津建筑机械厂）是我国最早从事履带式推土机生产的专业厂，1958年制造出全国第一台履带式推土机，具有多年制造履带式推土机的历史。1993年在国内率先实现销售推土机超万台。

公司2014年有在册员工791人，占地面积10.9万m^2，资产总额5亿元，主要生产设备927台，高精稀设备193台套，产品有7个系列40多个品种的履带式推土机、两种吨位等级的液压挖掘机，四种机型的旋挖钻机，产能3000台，在行业中处于前三位。公司早在1998年1月就通过了质量管理体系认证，通过国家二级保密资格认证，具有总装备部、总后勤部装备制造承制资格。

公司于1985年率先从日本小松制作所引进了当时具有国际先进水平的D60（机械传动）、D65（液力传动）两个系列六个机型的履带式推土机生产制造技术。产品具有设计先进、操作方便、整机可靠性好、使用寿命长、作业效率高、比功率大、油耗低、噪声低、用途广等特点。TSC180超湿地型推土机，履带最低接地比压只有21kPa，是目前国内生产的接地比压最小的推土机，成为国内湿地和沼泽地作业不可替代的设备。最新推出的改进型THS160环卫型推土机，加大了履带板的宽度，减小了接地比压；使用性能得到进一步提高，对驾驶室进行了重新设计，使驾驶工作环境更舒适。移山牌环卫型不同规格型号的系列产品，可以满足国家城镇化建设对垃圾处理设备多样化的需求。

图3-13　移山推土机

公司不断研发制造独具特色产品，智能型TYD200型静液压动力转向模块式推土机，整机采用模块式设计、液力机械传动和动力转向、负荷传感式液压系统、液压先导控制，集机、电、液技术一体化，性能指标达到国际先进水平，目前属国内首创，获得国家专利。

图3-13为移山推土机。

移山发展历程。

自1958年至今，移山在发展过程中形成了深厚的文化底蕴和独特的企业文化。

1958年9月25日，我国第一台重型履带式推土机移山-80，在天津移山工程机械有限公司（原天津建筑机械厂）研制成功。这是在一无参考图纸、二无借鉴工艺、三无大型专用设备的条件下研制成功的。

1966年，我国第一台液力型推土机，即战斗120型液压推土机研制成功。天津移山工程机械有限公司从此成为国内第一个实现从机械操纵到液压操纵这一历史性跨越的企业，标志着我国推土机制造业已完全掌握了先进的液力传动技术。

1985年，率先从日本小松制作所引进了当时具有国际先进水平的D60（机械传动）和D65（液力传动）两个系列，涵盖标准型、湿地型、环卫型、森林采伐型和电力型五个类别十几种机型的履带式推土机生产技术。经消化吸收和再创造，自主研制出T160（D60A-8）、T180（D60E-8）、TY160（D65A-8）、TY180（D65E-8）、TSC180（D60PL-8）、TS180（D60P-8）等履带式推土机。该系列产品具有设计先进、操作方便、整机可靠性好、使用寿命长、作业效率高、功率大、油耗低、噪声低、用途广等特点，并在动力性、经济性、可维修性、舒适性等方面在国内居领先地位。此举不仅开启了我国推土机制造领域引进国外先进技术的先河，也使我国推土机研制水平一跃跨入国际先进行列。

2002年，首创新一代节能、高效、智能型TYD200型静液压动力转向模块式推土机。该机以其模块式、液力机械传动和动力转向、负荷传感式液压系统、液压先导控制等八大创新设计，造就了六大优势性能，完全达到国际先进水平，成为我国推土机制造领域抢占科技制高点的代表之作。2003年3月，该机通过了天津市重大科技成果鉴定，并获国家专利。

TY320C大功率推土机，列入天津市技术创新项目，于2009年3月26日在天津移山工程机械有限公司问世。整机应用了远程智能服务系统、推土机专用液力变矩器失速保护系统、电控节气门及新型渐变齿厚齿轮的自主创新技术和专利技术。实现了整机工作状态及故障的远程监测、控制和处理；解决了推土机液力变矩器失速时系统发热问题；具备了发动机转速随负载变化而调整的功能，高效节能；减少了齿轮啮合的冲击和噪声，提高了机器的使用寿命。

1986 年，移山新品被解放军总装备部工程兵确定为列装产品，开创了国产工程机械为我军装备列装的先例。为满足我军现代化建设对工程机械的新需求，经消化吸收日本小松先进技术自主研创的 TY160 履带式推土机，1998 年再次成为我军新一代国防工程施工装备。

4. 中联重科 ZOOMLION

图 3-14 为中联重科推土机。

5. 小松 KOMATSU

图 3-15 为小松推土机。

图 3-14 中联重科推土机

图 3-15 小松推土机

6. 卡特彼勒 CATERPILLAR®

图 3-16 为卡特彼勒推土机。

7. 彭浦 上海彭浦

上海彭浦机器厂有限公司（彭浦机器厂）成立于 1959 年 3 月 18 日，是一个具有多年历史的国有企业，属国内大型企业，是上海市工程机械制造业的骨干企业，也是被国家批准具有进出口自营权的企业。2004 年 1 月，由上汽集团和电气集团对彭浦机器厂进行多元投资改制，成立上海彭浦机器厂有限公司。公司占地面积 30 万 m^2，建筑面积 11 万 m^2，绿化面积 5.3 万 m^2，是著名的花园工厂。拥有员工 1300 余人，具有各类专业技术人员 300 余人，中、高级专业技术人员 140 余人。1994 年获得全国名牌产品荣誉称号，1999 年起获得上海市名牌产品荣誉称号，是全国机械企业 500 强之一，曾七次荣获市级文明单位称号。

上海彭浦机器厂有限公司是我国履带式推土机摇篮，现已发展成为国内品种最齐、功率最大的履带式推土机制造企业之一，是国内最早从事全液压挖掘机制造企业，同时也是大型重工装备制造企业。主要产品有：120 ~ 410hp 各种型号的履带式推土机；各种型号的液压挖掘机；爆破挖壕机、吊管机、焊接车、移设机、工程车以及通井机等推土机衍生产品和军用类产品，还有轧钢机、冷轧管机、混捏机等重工非标产品。

1998 年，通过 ISO9001：1994 的质量管理体系认证；2001 年 7 月，通过中国人民解放军总装备部工程兵的第二方质量体系审核;2002 年 2 月,通过 ISO9001:2000 的质量管理体系认证。巨力牌获得全国名牌产品荣誉称号,获得上海市名牌产品荣誉称号。巨力牌推土机连续四次(十二年)获得用户满意产品称号,获得中国质量管理协会、中国质协用户委员会、建委颁发的多项质量荣誉证书和奖状,产品远销伊拉克、也门等世界各地。

图 3-17 为彭浦推土机。

图 3-16　卡特彼勒推土机

图 3-17　彭浦推土机

彭浦发展历程。

1959 年 3 月 18 日,彭浦机器厂成立。

1979 年,从日本小松制作所独家引进了 D155A-1(PD320Y)型履带式推土机设计和制造技术。

1979 年,从德国利渤海尔公司引进了 R942 型液压挖掘机制造技术。

1986 年,彭浦机器厂从美国卡特彼勒公司引进了 D60 履带式推土机的设计制造技术。

1998 年,通过了 ISO9001 质量体系认证。

2002 年,通过了 ISO9001 质量体系认证复验。

2004 年 1 月彭浦机器厂进行多元投资改制,成立上海彭浦机器厂有限公司。

8. 东方红　YTO | 东方红

一拖(洛阳)工程机械有限公司是中国机械工业集团有限公司、中国一拖集团有限公司的成员企业。前身为机械工业部重型军工企业。拥有“东方红”、“YTO”两个品牌。

公司前身为机械工业部的重型军工企业,生产规模宏大,技术力量雄厚。1993 年成立合资公司以来,凭军工技术的科研能力,不断开发出符合国情和市场需求的高性价比的工程机械产品。目前,推向市场的有:轮式装载机、工业推土机、液压挖掘机三大系列数十个型号产品,其中东方红牌 T/YD 系列推土机被评为优质产品。驰名中外的“东方红”工程机械产品,行销国内多个省市自治区,并出口到欧洲、亚洲、非洲、拉丁美洲和澳大利亚等地。

公司始建于 1970 年,当时是为了满足国内国防事业对重型坦克的需要而成立的。先后生产重、中、轻型坦克等军工产品。1986 年,由于国际、国内环境的变化。公司转为民用,在此以后公司以“为用户创造价值,以用户满意体现自身价值,打造专家型企业”为核心理念,凭借良好的基础和雄厚的实力,以及军工技术的科研能力,不断开发出符合国情和市场需求的高性价比的工程机械产品。

图 3-18 为东方红推土机。

东方红发展历程。

1954 年 1 月 8 日，国家决定在洛阳建立规模较大的拖拉机制造厂。

1955 年 10 月 1 日，洛阳拖拉机制造厂举行开工典礼。

1958 年 7 月 20 日，第一台 54 型履带式拖拉机诞生。

1966 年 9 月 16 日，东方红-665 越野载重汽车试制成功。

图 3-18　东方红推土机

1981 年 4 月，通过深入农村市场调研，一拖确定了生产小型轮式拖拉机和农用加重自行车的多种经营思想。

1982 年 7 月 18 日，150 型轮式拖拉机试制成功。次年 12 月投入批量生产。

1987 年 8 月 26 日，由全国 51 个生产企业和科研院所组成的“第一拖拉机工程机械联营公司”在一拖宣告成立。

1989 年 11 月，国家计委通知，从 1990 年起对一拖在国家计划中实行单列。

1990 年 12 月，一拖晋升为国家一级企业。

1991 年 5 月，国家计委授予一拖“七五”国家级企业技术进步奖称号。

1992 年 12 月 29 日，“中国第一拖拉机工程机械联营公司”更名为“中国第一拖拉机工程机械集团公司”并正式揭牌。

1994 年 5 月 8 日，机械部洛阳拖拉机研究所进入一拖。同年，洛阳牌压路机被评为“中国建设机械十大驰名商标”，并被认定为中国名牌产品。

1995 年 10 月 6 日，第 100 万台东方红拖拉机下线。

1997 年 5 月 8 日，第一拖拉机股份有限公司成立大会召开。5 月 24 日，中国第一拖拉机工程机械集团公司更名为中国一拖集团有限公司。6 月 23 日，第一拖拉机股份有限公司 H 股在香港联交所挂牌交易。

1998 年 3 月 27 日，一拖在科特迪瓦首都阿比让设立的一拖科特迪瓦农机装备公司挂牌运营。

1999 年 1 月 5 日，“东方红”被国家工商行政管理局认定为中国驰名商标。9 月 4 日，4 台东方红拖拉机首次作为中国国家礼品赠送给泰国国王。

2000 年 8 月 22 日，博士后科研工作站在一拖揭牌。同年，填补国内行业多项空白的 YZ25GD 振动压路机、YL16G 全液压轮胎压路机等产品研制成功。

2003 年 12 月 31 日，一拖对 12 家辅业单位实施主辅分离、辅业改制。同年，一拖提出打造“百亿工程”发展战略目标。

2004 年 10 月 11 日，东方红大功率轮式拖拉机年产销量首次突破万台。

2005 年 10 月，自主研发的国内最大轮式拖拉机———东方红 1804 批量投产。同年 11 月，“东方红”成为“中国拖拉机工业 50 年农民喜爱的拖拉机品牌”。

2006 年 9 月 6 日,“东方红”成为拖拉机行业中国名牌榜榜首品牌。这一年,中国一拖销售收入突破百亿。

2007 年 6 月 10 日,一拖工业园开工奠基,“再造一个一拖”工程启动。7 月,签订 1083 台大功率轮式拖拉机出口合同,创国内大轮拖出口纪录。12 月 23 日,“东方红”成为农业部奖品车公开招标后入选的第一个品牌。

2008 年 2 月 20 日,一拖 67% 的股权无偿划转国机集团。

图 3-19 柳工推土机

9. 柳工 LIUGONG 柳工

图 3-19 为柳工推土机。

10. 利勃海尔 LIEBHERR

德国利勃海尔家族企业由汉斯·利勃海尔在 1949 年建立。公司的第一台移动式、易装配、价格适中的塔式起重机获得巨大的成功,成为公司蓬勃发展的基础。在全世界范围内,利勃海尔这一名词代表着先进的技术、高性能的产品和优质的服务。用于建筑工业的产品有塔式起重机、轮胎式和汽车式起重机、履带式起重机、液压挖掘机和液压钢绳式挖掘机、轮式装载机、履带式推土机和履带式装载机、矿用自卸车、混凝土搅拌站和搅拌运输车等;利勃海尔用于货物转运的产品包括船用、钻井平台、集装箱式起重机;机械加工和工厂建设方面有机床、物流设备和工程项目;航空设备包括起落架、作动器和空气调节与管理系统;运输技术准备主要包括上海磁悬浮列车和其他火车用的空调器等;家用电器方面,利勃海尔生产基本型号达 300 余种的冷冻与冷藏设备。利勃海尔向广大客户提供以工程机械为主,包括飞机、火车和轮船装备及家用电器等在内的优质产品。它还是被众多领域客户认可的技术创新产品及服务供应商。多年以来,家族企业已经发展成为目前的集团公司,拥有超过 38000 名员工,在各大洲成立了 130 余家公司。

分散结构的利勃海尔集团公司划分为结构清晰的、自主经营的企业单元。通过这种方式,可以确保直接亲近客户,因而有能力在全球竞争中对市场信号作出灵活而迅速的反应。各产品的生产和销售公司一般都归属于按产品大类设立的企业集团领导。目前,集团公司的产品包括 10 大类。整个集团公司的母公司是位于瑞士布勒(Bulle)市的利勃海尔国际有限公司,其拥有者全部是利勃海尔家族的成员。现在,这个家族性企业由第二代伊索尔德·利勃海尔(Isolde Liebherr)和威利·利勃海尔(Willi Liebherr)兄妹共同领导。为了提前设定未来的发展方向,自 2012 年起苏菲·阿尔布雷希特(Sophie Albrecht)、简·利勃海尔(Jan Liebherr)、Patricia Rüf 和 Stéfanie Wohlfarth 作为第三代的首批代表也加入到单个业务领域的领导工作中。

图 3-20 为利勃海尔推土机。

图 3-20 利勃海尔推土机

利勃海尔在中国的发展。

(1)利勃海尔航空集团和武汉航达航空科技发展有限公司于2007年在中国武汉合资成立了一家维修中心,致力于民航飞机附件和系统的维修工作。

新成立的利勃海尔航达航空科技(武汉)有限公司,主要维修所有在中国装机运营的利勃海尔航空产品,以及安装在空客、波音、庞巴迪和安博威上的热交换器。同时,为2008年选用支线飞机ARJ21的ACAC和其他航空公司,提供利勃海尔装机航空产品的维修服务。

利勃海尔航达航空科技(武汉)有限公司提供的本地化服务,将会降低维修所需的运输时间、减少报关费用及缩短交货期,从而大大降低客户整个维修周期和成本。

法国图卢兹的利勃海尔航空航天公司,是利勃海尔航空集团下属的七大分公司之一,主要从事利勃海尔航空集团的航空和运输技术服务。其航空设备包括飞机空调系统、飞行操纵系统、液压系统及起落架。这些系统主要在军机和民机上使用,具体包括:商业运输机、客运与支线飞机、公务喷气飞机、战斗机、军用运输机、教练机、军用及民用直升机等。

在航空设备产品领域,利勃海尔供应飞机空气管理系统、飞行控制及执行系统、液压系统及起落架等。许多民用及军用航空计划应用这些系统:商用运输机、定期短途班机、商用喷气机、战斗机、军用运输机及教练机,以及民用及军用直升机等。

利勃海尔航空公司为全球客户提供完整的OEM客户服务,包括维修与大修服务、工程支持、归档、备件,以及AOG服务。

(2)浙江利勃海尔中车交通系统有限公司是一家中外合资企业(双方各占50%)。成立于2006年,位于浙江省绍兴诸暨。

浙江利勃海尔中车交通系统有限公司外资母公司为利勃海尔交通系统有限公司,是西门子、庞巴迪、阿尔斯通等大型轨道车辆生产企业的主要空调系统供应商,是欧洲第一家把微处理机用于空调控制系统的企业,把航空领域先进和环保的空气制冷式空调系统应用到ICE3高速列车上。此外,还开发了面向未来的以二氧化碳为冷媒的环保新型空调系统。该公司的主动或半主动液压控制系统(包括特种减振器、轮对控制系统、气液二级悬架系统、摆式列车控制系统等产品)为铁路用户提供了先进的技术平台。其产品已广泛应用于欧洲、美洲和亚洲市场。它为各种不同类型的轨道车辆(机车、铁路客车、地铁、轻轨、高速列车)生产空调系统和液压控制系统。

(3)利勃海尔机械(大连)有限公司成立于2002年7月25日,位于大连经济技术开发区,全额由德国利勃海尔埃姆泰克有限公司投资建立,投资总额:3400万欧元;注册资本:1400万欧元。

经营范围:挖运土方机械(包括液压挖掘机、履带式推土机、履带式装载机和轮式装载机)、工业操作机械、农业及林业新技术设备、矿用机械、建筑用起重机械和相关产品及零配件的研究设计开发、装配、制造、销售(仅限自制产品)及售后服务;货物、技术进出口业务。

(4)利勃海尔机械(徐州)有限公司,是由德国利勃海尔集团公司在中国投资运作的独资子公司。其前身是徐州利勃海尔混凝土机械有限公司,公司专门从事设计、制造并销售混凝土搅拌机械、搅拌站及回收设备。公司的经营运作采用先进的管理体系,其经营团队由中外专业技术人员和管理人员组成,体现公司国际化、高素质、高效益的经营理念和管理水平。通过专业技能和创新管理，公司自其前身发展到现在一直持续不断地向市场推出新产品，如不同型号、安装在各种进口或国产底盘上的6～12m^3的搅拌车；固定式、移动式、超级移动式的盘式或双卧轴0.5～4.5m^3的搅拌站和达到零排放的回收站以及它们的零部件产品，其产品质量、技术和服务能力均达到了混凝土机械领域的国际水平。公司的前身——徐州利勃海尔混凝土机械有限公司于1996年开始投入生产。近年来，其产品在我国市场上一直处于行业的领先地位，广泛而完整的产品线几乎包括了所有国产或进口底盘各种型号的搅拌车系列产品、按客户要求量身定做的搅拌站和搅拌机产品以及有利于环境保护的回收站设备。所有这些产品在其制造工艺、技术含量和产品质量方面不仅满足了利勃海尔公司的整体国际化要求，同时也满足了我国在产品质量、安全及环保指标上的要求。

第二节　装　载　机

一、装载机的用途及分类

1.装载机的用途

装载机主要用来铲、装、卸、运土和石料之类的散状物料，也可以对岩石、硬土进行轻度铲掘作业。如果换不同的工作装置，还可以完成推土、起重、装卸其他物料的工作。在公路施工中，主要用于路基工程的填挖，沥青和水泥混凝土料场的集料、装料等作业。由于它具有作业速度快、机动性好、操作轻便等优点，因而发展很快，成为土石方施工中的主要机械。

2.装载机的分类

常用的单斗装载机，按发动机功率、传动形式、行走系结构、装载方式的不同进行分类。

(1)发动机功率。

①功率小于74kW为小型装载机。

②功率在74～147kW为中型装载机。

③功率在147～515kW为大型装载机。

④功率大于515kW为特大型装载机。

(2)传动形式。

①液力—机械传动：冲击振动小、传动件寿命长、操纵方便，车速与外载间可自动调节，一般在中大型装载机多采用。

②液力传动：可无级调速、操纵方便，但起动性较差，一般仅在小型装载机上采用。

③电力传动：无级调速、工作可靠、维修简单、费用较高，一般在大型装载机上采用。

(3)行走结构。

①轮胎式：重量轻、速度快、机动灵活、效率高，不易损坏路面、接地比压大、通过性差，被广泛应用。

②履带式：接地比压小，通过性好、重心低、稳定性好、附着力强、牵引力大、比切入力大、速度低、灵活性相对差、成本高，行走时易损坏路面。

(4)装卸方式。

①前卸式:结构简单、工作可靠、视野好,适合于各种作业场地,应用较广。

②回转式:工作装置安装在可回转360°的转台上,侧面卸载不需要掉头、作业效率高,但结构复杂、质量大、成本高、侧面稳性较差,适用于较狭小的场地。

③后卸式:前端装、后端卸,作业效率高,作业的安全性欠佳。

二、装载机发展史

1929年,第一台轮式装载机问世,见图3-21(斗容0.753m^3、载质量680kg)。这是种装载机采用门架式结构,在这之前是用钢绳提斗式的装卸机具。这一时期的装载机结构特点是,发动机前置、前轮小、后轮大、单桥驱动、前轮转向、门架式工作装置、用钢绳提臂翻斗、拖拉机底盘、牵引力小、铲斗切入力小、作业速度低。

1947年,克拉克公司生产的装载机,见图3-22,用液压—连杆机构取代了门架式结构,该机为专用底盘,具备了现代装载机的外形,提高了提升速度、卸载高度和掘起力,因而可用于铲装松散的土方和石方,这是装载机发展过程中第一次重大突破。

图3-21　第一台装载机

图3-22　克拉克公司生产的装载机

1951年,美国开始采用液力机械传动,同时车架结构采用三点支承,提高了车辆的越野性和牵引性,这一时期开始形成了系列化、专业化生产,形成了柴油机—液力变矩器—动力换挡变速器—双桥驱动,这是装载机发展过程中的第二次重大突破。

图3-23为W5型轮式装载机。

图3-24是在1957年生产的第一台320型两头忙挖掘装载机。

图3-23　W5型轮式装载机

图3-24　320型两头忙挖掘装载机

到了20世纪60年代,大型装载机很快发展起来并用于矿山。这一时期采用铰接式装载机,是装载机发展过程中的第三次重大突破。铰接转向优点是:铲斗随前车架转向,可满足原地转向;与刚性车架比,一个作业循环内平均行驶路程减少51%,生产效率提高50%;转弯半径小,机动灵活,适用于狭窄场地作业。

图3-25是凯斯公司在1963年生产的W7B轮式装载机。

到了20世纪70~80年代,装载机的结构朝向安全、操纵省力、维修方便、减少污染、舒适等方面发展。钳盘式制动器取代了蹄式制动器。其特点是:沾水复原性好,散热性好,不需调整制动间隙,磨损后制动片易换,寿命长;双管路制动系统;防滚翻、防落物驾驶室;降噪,防尘,装配空调;操纵省力——采用先导控制;工作装置销轴采用二硫化钼润滑,由10h加润滑脂一次变为100h加润滑脂一次。

图3-26为凯斯公司在20世纪80年代生产的第一台5T装载机。

图3-25 凯斯W7B轮式装载机

图3-26 凯斯公司20世纪80年代第一台5T装载机

20世纪末,装载机主要在环保、安全、简化操作等方面发展,而不是追求单机效率。这一时期,装载机的发展进入电子化时期。同时,轮式装载机上广泛采用无内胎轮胎。

图3-27为凯斯1121F型装载机。

图3-28是美国勒图尔勒L2350装载机。

图3-27 凯斯1121F型装载机

图3-28 美国勒图尔勒L2350装载机

三、国内装载机发展史

1956年是我国第一个五年计划开始的第一年,这一年在太原矿山机器厂诞生了我国第一台装载机,但因该厂转产而未定型生产。1958年上海立新船厂仿制日本尼桑品牌,试制成功斗容1m³、67kW的装载机,但因该机牵引力小、故障率高,故基本未推向市场。1961—1964年,继上海港口机械厂开发了D632型装载机后,才开始有少量产品投放市场。1964 年，成都工程机械厂（原成都红旗机器厂，现成工集团），试制成功了“红旗100”，斗容 $2m^3$、74.5kW、180°回转式装载机，定型为 Z4H2；1966 年，又仿日本 TCM（东洋运搬）公司 SD20 型，成功试制了斗容 $1m^3$、48kW、装载质量为 2t 的全液压式装载机，定型号为 Z420（即 Z4-2）。该公司的这几种型号都先后有小批量产品投放市场。然而，这些产品均因结构陈旧、效率低、故障率高等原因，生产时间不长即先后被淘汰。这些都是我国装载机行业形成与发展的前奏曲，为我国装载机行业的形成与发展作了预演。

1966 年，我国分别在当时的厦门工程机械厂（现厦工）及柳州工程机械厂（现柳工）试制成功了 Z435 装载机（图 3-29）。Z435 装载机是在消化吸收日本 TCM 公司 125A 装载机技术的基础上研发的。1968 年 12 月，Z435 装载机在天津完成了部级鉴定，从此拉开了我国装载机行业形成与发展的序幕。该产品从 1969 年以后逐步由柳工及厦工批量投放市场，一直到 20 世纪 80 年代初被 ZL50、ZL40 所代替为止，至此，柳工共生产了 Z435 装载机 1590 台，厦工也生产了近 1000 台。

图 3-29 我国第一台轮式装载机 Z435

1970 年，柳工与天津工程机械研究所在消化吸收美国 72－51 铰接式轮式装载机技术的基础上，共同研制成功了 Z450（后来的 ZL50）铰接式轮式装载机，并于 1971 年 12 月在柳州诞生了我国第一台铰接式轮式装载机，这也是我国 ZL 系列轮式装载机的基型产品。之后，柳工、厦工、成工、宜工和天工所一起先后以 Z450 为基型，成功开发了 Z420（ZL20）、Z430（ZL30）。到 1978 年前夕，一个以 Z450 为基型的轮式装载机系列开始形成。

按当时的行业分工，柳工、厦工生产 ZL40 以上中大型轮式装载机，成工、宜工生产 ZL30 以下中小型轮式装载机，逐步形成了柳工、厦工、成工、宜工装载机 4 大骨干企业，被业内人士称为我国装载机行业的“四大家族”或“四大元老”企业。

从 1972—1978 年，又先后有常林、山工、临工、德工、沈矿、四平工程、朝工、湖南建筑、杭州武林、上海城建、上海装卸、上海建材、烟工、宣工、天工等 20 多家企业加入我国装载机制造企业行列，到 1978 年我国装载机行业初步形成。

图 3-30 铰接式轮式装载机

在这一阶段，国家还制定了 ZL 系列轮式装载机标准，成为我国装载机发展历史上的重大转折点。该标准的制定，为我国装载机行业的发展奠定了基础。

图 3-30 为我国第一台铰接式轮式装载机。

1977 年，成都工程机械厂联合天津工程机械研究所联合设计 ZL20 型和 ZL30 型轮式装载机（图 3-31）。ZL20 型、ZL30 型轮式装载机通过鉴定，并在全国科学大会上获奖。

1978—1993 年，是我国装载机行业的发展阶段。这期间,我国装载机行业形成了5大生产基地,掀起了大规模技术引进高潮。在消化吸收引进技术的基础上,产品技术、制造技术均得到了极大的提升,使这阶段的产品得以更新换代。此阶段也是我国装载机行业发展史上承前启后的一个重要历史时期。装载机产量1978年首次突破1000台,1992年首次突破10000台,1993年达17000台以上。该阶段具有如下的特点。

图3-31 ZL20型和ZL30型轮式装载机

(1)形成了我国5大装载机生产基地。分别是广西(柳州)、福建、江苏、山东和四川(成都)。1993年,这5大装载机生产基地企业数约35家,装载机销量占全国装载机总销量的约2/3,达74%。

(2)掀起了装载机技术引进潮流。进入20世纪80年代,装载机行业掀起了技术引进的潮流。引进技术方式为技贸结合或许可证贸易。这段时间引进的最主要技术包括1986年12家企业以许可证贸易的形式一条龙引进卡特彼勒技术,主机厂有柳工、厦工、宜工,分别引进卡特彼勒的966E、980S、936E轮式装载机制造技术,此轮技术引进到1995年结束,长达9年时间。其次是1985年和1990年常林以技贸结合的形式引进了小松的WA300-1和WA470-1技术。另外,徐工徐装也是以技贸结合的形式于1985年和1994年引进了日本川崎的KLD85Z和KLD95ZⅡ技术。我国装载机行业引进的这些产品技术,基本上未形成成熟的产品,效果并不明显。但引进技术的消化吸收对促进我国装载机行业技术的发展还是起了相当大的作用。

图3-32 柳工ZL50C型装载机

这期间,柳工、厦工、常林、山工、成工等都先后推出了具有先进技术水平的第二代全新技术产品,或处于一、二代过渡改进型的新技术产品。其中,柳工1988年推出的全行业第一个最具代表性的第二代产品ZL50C(图3-32),在全国装载机行业中率先采用了新型的全液压流量放大转向系统、单摇臂反转Z型连杆机构作业装置、全封闭减振式带空调的微增压驾驶室等十多项先进技术,促进了行业的技术发展。

1994—2000年,是我国装载机行业调整发展阶段,产品更新换代速度加快。为提高产品的竞争力,各企业纷纷加快了老产品改进、新产品开发力度。在此期间，柳工对ZL50C、ZL40B的产品技术进一步改进提高，并加大了推向市场的力度。在使用ZF传动系统研发的改进型产品ZL50D的基础上，着手研发具有完全知识产权的第三代换代产品ZL50G，并于2000年7月完成了省部级鉴定。厦工推出了具有节能降耗先进技术的双泵合分流卸荷液压转向系统的改进型新产品ZL50C、ZL50CⅡ及ZL40D等。徐装则在短时间内迅速推出了D一代到E一代改进型产品，并快速进行了ZL50G的产品开发。在这一时期，行业的其他主要企业，如常林、临工、成工、山工、宜工等也都推出了多个在行业中具有较强竞争力的改进产品，使产品整体水平有了很大的提高。国外装载机产品之所以被挡在国门之外，我国装载机产品整体水平的迅速提高是其中的重要原因之一。

2000年，我国发生的装载机价格战，某种程度上说是装载机行业的分水岭。这年，我国装载机制造企业已超过了120家，生产能力已超过5万台。而当时的市场容量也只有2万多台，市场竞争空前激烈。新增企业以低价位冲击市场，他们生产的机型与厦工的机型相近，使厦工的市场份额逐步被蚕食。厦工从1994年占市场总份额的16%下降到2000年只有10%。在这种情况下，厦工从2000年4月开始采取全面大幅度降价措施，大大缩小了与其他同类产品的价位差，同时厦工迅速采取了多种营销策略及促销手段，进一步加强营销服务网络建设，市场占有率很快回升，2002年其市场占有率已回升到14%以上，销售数量超过柳工，上升为行业第一位。

继厦工采取全面大幅度降价措施以后，柳工被迫跟上，拉开了全行业价格大战的序幕。徐装、临工、常林、成工、宜工等大部分企业都不同程度地采取了降价措施，全行业平均每台降价4万~6万元，甚至更多，使整个行业的利润大幅降低，部分企业特别是国有中小企业都有不同程度的亏损。经过此次价格战，行业重新进行整合，淘汰了一批中小企业，而像柳工、厦工等行业的主要骨干企业采取有效措施，在质量不降低的情况下，大大降低单台制造成本，使整个行业的管理水平上了一个新台阶，这也提高了国外企业进入中国市场的门槛。2000年开始的全行业价格战到2002年基本停止之后，装载机的价格处于一个相对平衡的状态。

2001—2008年，是我国装载机行业超高速发展阶段。2002年，世界上除中国外其他国家装载机的总销量约5万台，2001年我国装载机的销量约3.3万台，已占据全世界装载机总销量的约40%。2002年，我国装载机的销量约5万台，已占据了世界装载机总产销量的约50%。特别是2008年突破17万台以来，我国装载机的产销量已占据了世界装载机总产销量的2/3以上，成为全球最大的装载机产销大国。

近年来，世界主要装载机制造企业开始收购我国主要装载机企业，这种“属地化”管理方式基本上取得了成功。在国内企业中，形成了以3家龙头企业即柳工、厦工、龙工三足鼎立之势，支撑起我国装载机行业的大局。加上其他几个主要装载机企业，形成了内资装载机企业阵营。从2005年到现在，国外企业通过并购、全资或控股等方式使卡特山工、沃尔沃临工、神钢成工等在中国也形成了三足鼎立之势，加上来势凶猛的韩国斗山、现代以及日本小松等，逐步形成了强大的外资装载机阵营。目前，外资企业的装载机在我国的市场占有率已超25%，国内装载机企业从99%以上的市场占有率已经下降到了目前的75%以下。今后我国装载机行业的市场竞争，主要表现在以柳工、厦

图 3-33　夏工 XG962 型装载机

工、龙工为首，加上徐工、常林，以及民营企业如福田雷沃重工、宇通重工、晋工等组成的我国内资装载机企业阵营与以卡特山工、沃尔沃临工、神钢成工等为首，加上韩国斗山、现代，以及日本小松等外资装载机企业阵营之间的竞争。

图 3-33 为厦工 XG962 型装载机。

四、国内常见装载机品牌及其企业文化

1. 柳工 LIUGONG 柳工

图 3-34 为柳工装载机。

2. 成工 成工 CHENGGONG

图 3-35 为成工装载机。

图 3-34　为柳工装载机

图 3-35　成工装载机

四川成都成工工程机械股份有限公司成立于 1950 年，地处国家级成都经济技术开发区，注册资本 14000 万元人民币，是一家集工程机械研发、生产、销售和服务于一体的专业化大型股份制高新技术企业，是我国西部最大的工程机械研发、生产基地。公司拥有省级技术中心，在体制上保障自主创新。公司已通过高新技术企业认证，每年拿出销售收入的 3% 以上作为技术创新投入，以保证产品技术、质量领先，保持产品的市场竞争力。

成工目前主导产品包括：成工牌轮式装载机、挖掘装载机、平地机，以及独具成工特色的液力变矩器、电液控制动力换挡变速器、湿式桥等系列配套部件。成工的拳头产品轮式装载机（3～9t 系列）有 40 个以上可选配置主导机型，可选装多种作业装置，充分满足了用户的多样化需求。

成工发展历程。

1950 年，公司始建，同年 10 月 15 日落成并投入生产，正式命名为公营成都红旗铁工厂。

1962 年，T1-54 型推土机、C4-3 型铲运机投入批量生产，开始进入生产工程机械产品的时代。同年，更名为成都红旗机器厂。

1963 年，开始试制国内第一台 Z1-4 装载机，同年出口 C4-3 型铲运机 82 台。

1977 年,更名为成都工程机械厂。

1978 年,ZL20 型、ZL30 型轮式装载机通过鉴定,进入了生产 ZL 系列装载机的时代。

1980 年,成立了装载机械研究所。

1984 年,更名为成都工程机械总厂,并成立成都工程机械总厂联合体。

1994 年,与日本神钢建机株式会社合资建立成都神钢建设机械有限公司。

1998 年,组建四川成都成工工程机械股份有限公司。

2001 年,开发生产 PY165 平地机。

2003 年,与日本神钢建机株式会社合资成立了成都神钢工程机械(集团)有限公司。

2007 年,成工自主知识产权的新产品销售额已占到销售总额的 70%。同年 12 月,集团公司与相关方签署项目协议,成都神钢集团"创百亿"迁扩建项目正式落户成都经济技术开发区。

2008 年,成工 ZL30B-Ⅱ、CG932E、CG935H、CG942H、ZL50E-Ⅱ、CG956G、CG958G、CG938H、CG956H、CG957H、CG958H、MG1320B 平地机获得俄罗斯 GOSTR 认证;其中 CG938H、CG958H 轮式装载机和 MG1320H 平地机获得德国 TÜV 莱茵 CE 认证。

2008 年 4 月 30 日,成工迁扩建工程正式启动。

2009 年 2 月 10 日,在"中国工程机械年度产品 TOP50"中,成工 CG956C 装载机喜获"2008 中国工程机械年度产品 TOP5"。

2009 年 2 月 13 日,成工管理信息化项目正式启动。

2009 年 4 月 25 日,"成工"商标被认定为"中国驰名商标"。

2009 年 11 月 3 日至 6 日,在第十届北京国际工程机械展览与技术交流会上,"成工"荣膺"十大知名品牌",成工挖掘装载机 866H 荣获工程机械造型与外观质量评比一等奖。

3. 龙工 中国龙工 CHINA LONGGONG

图 3-36 为龙工装载机。

中国龙工控股有限公司于 1993 年在福建龙岩创立,2005 年在香港主板上市,名列"全球工程机械 50 强"、"中国机械工业核心竞争力 100 强"、"全国百家侨资明星企业"。

图 3-36 龙工装载机

公司秉承"靠人才,抓管理;上质量,创名牌;取信天下,跃居群雄"的治企方针,凭借强大的技术研发实力和精良的设施装备,自主开发和制造了具有核心竞争力的装载机、挖掘机、叉车和压路机四大品类 500 多种型号的整机产品,以及精工液压、油缸桥箱、齿轮泵阀、水箱管路等核心零部件,并配套建设了大型现代化的精密铸锻件保障基地,全面推行纵向一体化的运营模式。龙工装载机的产销量,稳居全球领导者的地位;挖掘机、叉车、压路机及其系列产品的核心零部件,均达到"国内领先、国际一流"的水平。

4. 厦工 厦工机械 XIAGONG MACHINERY

图 3-37 为厦工装载机。

图 3-37　厦工装载机

厦门厦工机械股份有限公司，创建于1951年，1993年12月由厦门工程机械厂改制为上市公司，是国家重点生产装载机、挖掘机等工程机械产品的骨干大型一类企业。截至2010年底，厦工总资产80.7亿元、净资产约32.3亿元。厦工拥有年生产装载机40000台、挖掘机15000台、叉车5000台、路面机械3000台的生产能力，是当时我国最大的工程机械制造基地之一。厦工装载机是中国极地科考唯一指定工程机械品牌。

厦工发展历程。

厦门机器修造厂是厦门工程机械厂的前身，1953年，厦门机器修造厂奉市财委指示合并于厦门轮船公司，以修理船只机器为主要任务，全厂职工26人，拥有金属切削机床6台，固定资产18000元。

1955年7月1日，厦门机器厂与当时较为著名的重吉机器厂、福记铸造厂、四联铁工厂等私人企业合并，改名为公私合营厦门机器厂。1958年，公私合营厦门机器厂在国家投资下进行扩建，并再次更名为地方国营厦门通用机器厂。

2009年，厦工展出了XG953Ⅲ中轴距厦工装载机。

这个型号的装载机，额定功率162kW，铲斗容量2.2～3.8m^3；全液压同轴流量放大转向系统，转向灵活，操作方便；隔音、隔热、减振的双色调内饰驾驶室，操作空间宽敞，视野良好，可配备冷暖空调；它采用了20多项技术改进，更可靠、更实用，由于其节能效果明显，被业内称为“快省先锋”。

XG955Ⅲ型天然气轮式装载机，是国内首台CNG压缩天然气工程机械，曾获“2009年中国工程机械年度产品TOP50”评选技术创新金奖。

5. 徐工　XCMG 徐工集团

图3-38为徐工装载机。

6. 山东临工　山东临工 SDLG

图3-39为临工装载机。

图 3-38　徐工装载机

图 3-39　临工装载机

山东临工工程机械有限公司始建于1972年，是世界知名的大型工程机械及相关配件的制造商和服务提供商、沃尔沃集团的核心企业之一、世界工程机械50强、中国三大工程机械出口商之一、中国机械工业100强，是国家工程机械行业的大型骨干企业、国家级高新技术企业。在俄罗斯、巴西、利比亚、阿尔及利亚以及伊朗等主要市场建有办事处，澳大利亚、印度、新加坡、南非、埃塞俄比亚、沙特阿拉伯等国家设有代表处，依靠近60家国际一级经销商和服务商构建的高效优质网络，及时传递临工高质量的产品和服务，帮助全球客户实现价值。

山东临工发展历程。

1972年，山东临工建厂。

1976年，ZL40装载机试制成功。

1984年，ZL50装载机试制成功。

1988年，ZL40装载机被评为“山东省优质产品”。

1993年，被评为中国500家最佳经济效益工业企业。

1994年，实行股份制改造，成立山东临沂工程机械股份有限公司。

1996年，被山东省信用评级委员会授予“AAA级信誉企业”。

1998年，经国家证监委批准，山东临工A股在上海证券交易所上市。

2003年，公司改制，更名为“山东临工工程机械有限公司”。

2004年，装载机系列产品被评为“中国名牌产品”。

2005年，临工工业园落成，年产销量过万台。

2006年，山东临工与沃尔沃公司正式签署合资合作合同。

2006年，山东临工经国家政府机关批准为中外合资企业。

2007年，沃尔沃品牌的第一台路面机械在临工成功下线。

2008年，山东临工实施新品牌战略，“可靠承载重托”成为山东临工品牌的核心价值。

2008年，山东临工第一台中型挖掘机LG6220成功下线。

2009年，山东临工“SDLG”及“图”商标被评为“中国驰名商标”。

2010年，山东临工挖掘机产品线正式亮相。

2010年，LG6210挖掘机顺利下线。

2011年，山东临工年产2万台挖机项目奠基。

2011年，山东临工荣获“中国机械工业最具影响力品牌”。

7. 常林 CHANGLIN

图3-40为常林装载机。

图3-40 常林装载机

常林股份有限公司前身为常州林业机械厂，始建于1961年，1996年改制为上市公司，母公司是中国机械工业集团公司所属中国福马机械集团有限公司。公司是国家大型企业、国家级高新技术企业、全国质量效益型先进企业、国内工程机械行业重点骨干企业，在行业内率先通过了ISO9001质量管理体系和

ISO14001 环境管理体系认证。

1994 年开始,公司先后与韩国现代重工业株式会社合资建立了常州现代工程机械有限公司、现代(江苏)工程机械有限公司,与日本株式会社小松制作所合资建立了小松(常州)工程机械有限公司 。三家合资企业投资总额合计 26698 万美元,注册资本合计 12000 万美元,生产具有国际先进水平的挖掘机、大吨位装载机、自卸车等工程机械产品,产品投放市场后销量位居行业前列。2004 年,公司又在马来西亚合资建立常林(马)工程机械有限公司,将常林的工程机械产品生产、销售进一步向东南亚延伸。通过合资合作,一方面公司取得了较好的投资回报,另一方面在引进外资的同时,借鉴国外先进的技术和现代化管理,促进了公司产品技术升级和企业管理水平的提高,确保了企业自身快速、健康的发展。

常林发展历程。

1961 年,常州市通用机器厂和常州动力机厂两厂合并,成立林业部常州林业机械厂。

1976 年,研制出我国第一台 Z4JM-2.5 型木材装载机。

1995 年,与韩国现代合资建立常州现代工程机械有限公司。

1995 年,与日本小松合资建立小松(常州)工程机械有限公司。

1996 年,改制为股份制上市公司,更名为常林股份有限公司。

2002 年,以常林为核心,成立常林工程机械集团。

2004 年,成立第一家海外合资企业常林(马)工程机械有限公司。

2004 年,再度与韩国现代合资成立现代(江苏)工程机械有限公司。

2004 年,常林牌系列轮式装载机荣获“中国名牌产品”称号。

2008 年,在常州高新区购置土地,规划建立一个全新的常林。

2011 年,常林工业园落成,形成具有研发、销售新优势的信息化精益制造企业。

8.山工 山工

图 3-41 为山工装载机。

图 3-41　山工装载机

山东山工机械有限公司成立于 1958 年,坐落在山东省青州市,占地面积 100 万 m^2,是国家大型一档企业、国家经贸委定点生产轮式装载机的重点骨干企业、中国人民解放军总装备部装载机定点生产厂和科研试制单位,总资产 16 亿元。主要产品有装载机、压路机、挖坑挖壕机、挖掘装载机以及为满足用户个体需要所生产的装煤王、岩石王、高卸霸等个性化产品。2008 年,山工正式加盟卡特彼勒,成为卡特彼勒在中国战略中重要的组成部分。

山工发展历程。

1978 年,生产出国内第一台定轴式装载机。

2003 年,在珠海召开的世界经济宣言大会上与世界 500 强企业之一的卡特彼勒公司签订了合作意向书。

2005 年 9 月,山工与卡特技术项目启动大会召开,拉开了山工与卡特技术中心合作开发技术项目的序幕,对山工将来的产品发展具有极其重要的意义。

2005 年 3 月，卡特彼勒投资下的中美合资山东山工机械有限公司正式成立。

2006 年 12 月，山工试制卡特三菱结构件获得成功。这不仅是山工与卡特三菱公司正式合作的开始，也标志着山工出口结构件已经达到国际水平，山工已经具备世界级零部件的制作能力，在流程和质量等管理方面正在向世界级水平迈进。也由此迈出了面向全球发展、实施国际化战略的第一步。

2011 年 2 月 6 日，山工荣获“青州市 2010 度杰出贡献企业奖”和“对外贸易先进企业”称号。

2011 年 3 月 19 日，C 系列山工卡特第二代高端机型 659C 成功下线；3 月 23 日，C 系列另一机型 669C 也成功下线。

2011 年 3 月，山工首次向美国卡特工厂发运压路机试制结构件。

2011 年 3 月，SEM160 变速器开始批产。

2011 年 5 月，山工小批试制垃圾压实机获得成功。

2012 年 5 月，山工顺利完成了第一台湿地型推土机的试制。

2012 年 11 月，荣获卡特彼勒“EHS 卓越项目奖”。

2013 年 2 月，山工第一台 LNG 装载机试制成功。

9. 卡特彼勒 CAT

图 3-42 为卡特彼勒装载机。

10. 沃尔沃 VOLVO

图 3-43 为沃尔沃装载机。

图 3-42 卡特彼勒装载机

图 3-43 沃尔沃装载机

11. 凯斯 CASE CONSTRUCTION

图 3-44 为凯斯装载挖掘机。

凯斯公司是美国一家农业及建筑设备制造商，产品销往全球，年销售收入达 50 亿美元。1842 年，发明家 Jerome Increase Case 在 Racine 建立凯斯公司，从事脱粒机的生产。公司被认为是全球首家农用蒸汽机生产厂家，后来公司成为世界上最大的蒸汽机制造商。到 1912 年，凯斯已经将自己定位于建筑工程机械设备业，生产公路建筑设备，如蒸汽压路机和公路平地机。从 1957 年的美国拖拉机公司开始，公司通过一系列途径建立了自己的建筑

图 3-44 凯斯装载挖掘机

工程机械设备业务。到20世纪90年代中期,凯斯已经发展成为在世界上处于领导地位的中、小型建筑工程机械设备制造商。

凯斯发展历程。

1957年,凯斯收购了美国拖拉机公司,这是一家小型私营企业,当时已经开发出了可加装到该公司履带车上的液压动力挖掘装置。同时,凯斯还开发出一种工业用轮式拖拉机样机,这一款拖拉机可以在车后加装挖斗和在车头加装装载斗。

1957年春,凯斯成功推出了工业界首台工厂正式生产的装载/挖掘两用拖拉机——凯斯的标志性产品CASE320。

1969年,凯斯购买了滑移式装载机的生产权,开始在艾奥瓦的伯林顿进行生产,1980年迁至堪萨斯的威屈塔。

1982年,凯斯首台装载/挖掘两用拖拉机25周年庆,同时推出580D。

1988年,凯斯装载/挖掘机被财富杂志列入"全美100最佳产品"。

1994年,凯斯与日本住友重工签约生产投放北美市场的挖掘机。

1997年,凯斯开始凯斯水平定向钻机的生产、销售和支持,其中包括自动推进型和工业用滑移安装式水平定向钻孔装置。

1997年,凯斯推出了具备最高举升力、掘起力和附件驱动力的XT滑移装载机。

1998年,凯斯扩大了与住友重工的供货协议范围,从而开始为全球各地的客户提供挖掘机产品。也是在1998年,凯斯成为首家在装载挖掘机上提供行驶缓冲控制系统的制造商,同样也是首家为滑移装载机提供行驶缓冲控制系统的制造商。

1999年,凯斯与纽荷兰合并成立CNH公司,销售多种世界领先品牌的建筑工程机械设备和农用机械设备。

1999年,凯斯推出一系列新产品,包括C系列轮式装载机、60系列水平定向钻机、G系列越野叉车、9007B挖掘机和688G伸缩臂式多功能机。

2000年,凯斯推出新的H系列履带式推土机,包括凯斯独有的动力转向特性。重新设计的变速器及其附件具有更好的抗磨性。

2001年,凯斯推出CX系列挖掘机。

第三节　平　地　机

一、平地机的用途及分类

1. 平地机的用途

平地机是土方工程中用于整形和平整作业的主要机械,广泛用于公路、机场等大面积的地面平整作业。平地机是一种高速、高效、高精度和多用途的土方工程机械。它可以完成农田等大面积地面平整、挖沟、刮坡、推土、排雪、疏松、压实、布料、拌和、助装和开荒等工作,是国防工程、矿山建设、道路修筑、水利建设和农田改良等施工中的重要设备。

2. 平地机的分类

(1)按牵引方式可为拖式和自行式两种。

(2)按车轮轮胎数目可分为四轮平地机和六轮平地机。

(3)按铲刀长度或发动机功率可分为轻型、中型和重型。

(4)按操纵方式可分为机械操纵、液压操纵两种。

(5)按机架形式可分为整体机架式机架和铰接机架式机架。

二、平地机发展史

平地机已有100多年的发展历史，最早是于19世纪后期在英国出现的拖式平地机。20世纪20年代，出现了自行式平地机。20世纪80年代后期，平地机开始采用机电液一体化技术，逐步向自动化、智能化方向发展。世界上著名的平地机生产厂商主要有美国的卡特彼勒、约翰迪尔、德莱赛，日本的小松、三菱，德国的O&K，意大利的菲亚特、阿里斯，瑞典的沃尔沃(产地加拿大)等。自20世纪80年代开始，平地机经历了从低速到高速、小型到大型、机械操纵到液压操纵、机械换挡到动力换挡、机械转向到液压助力转向，再到全液压转向以及整体机架到铰接机架的发展过程，整机的可靠性、耐久性、安全性和舒适性都有了很大提高。尤其在20世纪90年代，美国的德莱赛870以及加拿大冠军两款平地机在国内市场享有较高的知名度，其电控动力换挡系统给机械带来了卓越的载荷自适应性能，大大简化了操作人员的操作。

图3-45为1912年凯斯制造出的第一台平地机。

图3-46为1924年瑞典第一台自行式平地机。

图3-45　凯斯制造出的第一台平地机

图3-46　瑞典第一台自行式平地机

图3-47为早期苏联制造的平地机。

图3-48为卡特彼勒140H型平地机。

图3-47　早期苏联平地机

图3-48　卡特彼勒140H型平地机

三、国内平地机发展历史

我国平地机生产始于20世纪60年代。由天津鼎盛天工参照苏联样机试制第1台机械式平地机,1980年生产出国内第1台Y160A型平地机,1985年又引进德国O&K公司F系列(5种)机型平地机生产技术。1987年开发了PY250型平地机,图3-49为天工PY160B型平地机。1990年起先后开发生产出了9大类18个型号50多种配置的系列产品。

1987年,哈尔滨四海工程机械公司引进了美国德莱赛公司的平地机生产技术,制造出800系列平地机,目前主要产品为850和870,图3-50为美国德莱赛公司850B平地机,其主要配套件均为原装进口。

图3-49　天工PY160B型平地机

图3-50　德莱赛850B平地机

1997年,常林股份公司引进了小松平地机技术,并于1998年生产出117kW和140kW的平地机。其主要产品有PY165C-3(图3-51)、PY190C-3(图3-52)和PY20OC-3。由于采用了小松技术,其平地机产品具有以下优点:轮边驱动采用小松双排滚子链条技术,强度高;用单个齿轮泵经分流阀向两个操纵阀供油,回转油路合流,既保证了各动作速度,又降低了整个系统能耗;为适应重载作业,刮板比一般平地机要厚30%;在铲刀两侧特别设计边刃,能更好地进行挖沟、路面表层剥离等作业;所有主刃、边刃均为双刃结构,当一侧刃口磨损后,将刃板拆下后换一个方向重新装上即可用另一侧刃口进行作业。

图3-51　PY165C-3型平地机

图3-52　PY190C-3型平地机

徐工集团虽然进入平地机市场较晚,但凭借自身的技术优势,独立开发、研制出十多个规格型号的平地机产品,产品更新换代比较快,现在主推K系列、GR系列的165、180

(图 3-53)、20、215 型平地机。

2007 年,又开发出静液压传动的样机。其产品特点为:铰接车架,后桥为三段式驱动桥,主传动装有"No-Spin"无自转闭锁差速器,前进 6 挡、倒退 3 挡的动力变速器,挡位变换为电液控制,整机的速度范围为 62 ~42.3km/h。

三一重工在广泛吸收国内外平地机先进技术的基础上创新研制成功的全液压平地机将静液压传动技术应用于平地机的行驶驱动,替代了传统的液力机械传动,具有传动环节少、操作省时省力、无级变速、自动适应负载能力强以及便于实现自动控制等特点。

全液压平地机目前仍属于国际前沿技术,重型全液压式平地机在全世界仅有三一重工一家研制开发并批量生产,国内有个别企业(如徐工、鼎盛天工等)也开始进行相关产品的研制开发,目前处于初期探索阶段。

图 3-54 为三一重工研制的全液压平地机。

图 3-53 徐工 GR180 型平地机

图 3-54 三一全液压平地机

与其他工程机械产品一样,我国国产平地机经过 20 世纪末和 21 世纪初的跨越式发展,已站在了与国际同步竞争的舞台上,但应该清楚地看到:我国的平地机产品技术主要来源于国外,企业缺乏自己的核心技术和专有技术,总体上缺乏对国际前沿技术的研发能力,加上国产基础件如发动机、液压元件质量不稳定,动力换挡变速范围很小等不足,使得国产平地机和国际知名品牌还有一定的差距。

四、国内常见平地机品牌及企业文化

1. 鼎盛天工 鼎盛天工

图 3-55 为鼎盛天工 PY180M 型平地机。

鼎盛天工工程机械股份有限公司,是中国工程机械总公司通过划转、收购中外建发展股份有限公司、天津鼎盛工程机械有限公司的控股权更名成立的高科技产业化上市公司。

重组后,公司集合"天工"与"鼎盛"两个著名品牌,产品涵盖铲运机械、筑养路机械、路面机械等多种工程机械产品门类。其中,天工牌平地机以系列全、档次高等优势,成为我国平地机的第一品牌。鼎盛牌摊铺机综合现代机电液高新技术,采用最优化配置,以卓越的性能、可靠的品质成为行业前三位的强势品牌。随着公司投资 3 亿元、占地 27 万 m^2,包括四大联合厂房和一个大型研发中心的天津工程机械(科技)产业园的全面竣工,公司将达到年产工程机械及部件 2.2 万台套、工业产值达 50 亿元的规模。

2. 常林 CHANGLIN

图 3-56 为常林 718-5 型平地机。

图 3-55 鼎盛天工平地机

图 3-56 常林 718-5 型平地机

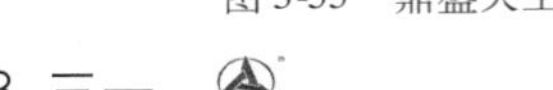

3. 三一 SANY

图 3-57 为三一平地机。

4. 柳工 LIUGONG 柳工

图 3-58 为柳工平地机。

图 3-57 三一平地机

图 3-58 柳工平地机

5. 卡特彼勒 CATERPILLAR®

图 3-59 为卡特彼勒 140H 型平地机。

6. 沃尔沃 VOLVO

图 3-60 为沃尔沃平地机。

图 3-59 卡特彼勒 140H 型平地机

图 3-60 沃尔沃平地机

7. 小松 KOMATSU

图 3-61 为小松平地机。

8. 凯斯 CASE CONSTRUCTION

图 3-62 为凯斯 865B 型平地机。

图 3-61 小松平地机

图 3-62 凯斯 865B 型平地机

9. 夏工 厦工 XGMA

图 3-63 为厦工 XG31651 型平地机。

10. 徐工 XCMG 徐工集团

图 3-64 为徐工 GR300 型平地机。

图 3-63 厦工 XG31651 型平地机

图 3-64 厦工 XG31651 型平地机

第四章 起重机械

学习目标

1. 能讲述起重机械的发展史；
2. 熟悉国内外著名起重机械企业的企业文化。

起重机械是反复短暂工作的、将物品转载的机械，它一般有起升运动和一个或几个水平运动。起重机大致分为以下几类。

(1)轻小型起重机械，它包括：千斤顶、手扳葫芦、手拉葫芦、电动葫芦、单轨起重机等。

(2)桥架起重机、桥式起重机、门式起重机、冶金起重机、装卸桥等。其中，桥式起重机包括：装配车间、电厂、仓库、堆场等用途的桥式起重机。门式起重机包括：双梁门式起重机、L 型门式起重机、U 型门式起重机、带悬臂的门式起重机、不带悬臂门式起重机、电动葫芦门式起重机、船用门式起重机等。冶金起重机是在冶金生产线上工作的起重机，如加料起重机、铸造起重机、板坯搬运起重机、淬火起重机、锻造起重机等。装卸桥一般是指在码头、货场装卸物品的起重机械。

(3)臂架型起重机，它包括固定旋转起重机、门座起重机、塔式起重机、轮式起重机、履带式起重机、浮式起重机等。

第一节 轮式起重机

一、轮式起重机主要用途及其分类

轮式起重机主要用于交通、能源、原材料工业、城乡工程建设、工矿企业及现代化国防建设等，承担货物垂直升降吊运及设备安装等工作。

轮式起重机主要包括：汽车式起重机、轮胎式起重机、全地面越野起重机及其变型产品。

二、轮式起重机的发展历史

人类使用起重机械已有数千年历史，古埃及和罗马帝国用原始的起重机，建起了庞大的城垣。但那时的起重机多为固定式的木头支架。进入工业时代后，可移动的机械式起重机应运而生。经过上百年的发展，移动式起重机已经派生出汽车起重机、履带式起重机、全地面起重机等庞大的分支。汽车式起重机（Truck Crane）在20世纪初发源于欧洲。其采用载货汽车底盘，搭载桁架臂或箱型液压伸缩臂，能在普通道路上行驶和作业；具有结构紧凑、快速转移、受场地限制较小、价格低廉等特点。全路面起重机（All Terrain Crane）于20世纪60年代发源于欧洲。其采用专门设计的多轴全轮驱动底盘、油气悬架、液压减振，可实现全轮转向、全桥驱动；搭载桁架臂或箱型液压伸缩臂。两者相比，全路面起重机具有更高的场地适应性，起重能力更强，技术含量更高，当然造价也成倍提高。

图4-1是根据古罗马工程师Vitruvius的描述绘制的滑轮组起重机，有古籍宣称这种起重机是公元前3世纪由阿基米德发明的。

1890年，英国科尔斯（COLES）公司研制出以铁路板车为底盘，用垂直式蒸汽锅炉为动力的起重机，有数吨的起重能力，可依靠轨道行驶（图4-2），这是19世纪末期移动式起重机的典型结构。COLES公司曾经是欧洲最大的起重机公司，1879年创立于伦敦，创始人为Henry James Coles（1847—1905年）。亨利13岁进入S. Worssam机械厂工作，32岁时创立了自己的公司，以制造2～10t回转式蒸汽起重机为主要业务。1905年亨利去世，他的长子接管了公司。1918年，COLES公司用Tilling－Stevens汽车底盘，制造出第一台用电动机驱动的汽车起重机。从目前的资料看，这应该是世界最早的汽车起重机。第一次世界大战后，随着汽车产量迅速增长，汽车式底盘逐渐应用于各类工程机械。欧洲和美国相继出现了一批制造汽车起重机的厂商。第二次世界大战爆发后，军工需求进一步刺激了汽车起重机的发展。如COLES公司根据英国皇家空军的需求，研制了采用6×4越野底盘的6t军用起重机。

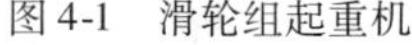

图4-1　滑轮组起重机

图4-2　铁路蒸汽起重机

图4-3为英国COLES公司现存最早的蒸汽起重机，在Beamish博物馆展出，1910年制造，载重能力为5t。

图4-4为1918年英国COLES公司使用Tilling-Stevens汽车底盘，制成了英国第一台电动移动式起重机。

图4-3　英国COLES公司现存最早的蒸汽起重机

图4-4　电动移动式起重机

1945年第二次世界大战结束，战后的重建工作使汽车起重机和履带式桁架臂起重机取代了战前的缆索式起重机。此时的起重机，传动装置仍以机械传动为主，部分采用液压助力装置；结构部分已由铆接变为焊接，并开始使用高强度钢材。桁架式臂架开始采用合金钢管、型钢焊接而成。此外制定了钢丝绳的技术标准，实现规格化批量生产。种种变化使得汽车起重机的性能和可靠性显著改善。二战后，由于欧洲受到战争重创，美国占据了世界起重机市场的主导地位，主要厂商有哈尼施菲格（P&H）、劳伦（Lorain）、马尼托瓦克（Manitowoc）、林克贝尔（Link Belt）、科林（Koehring）、比塞洛斯（Bucyrus-Erie）、格鲁夫（GROVE）等。进入20世纪60年代，美国在移动式起重机市场已经确立了世界霸主地位。欧洲也不甘落后，1963年，英国COLES公司推出100t级汽车起重机，为当时世界之最。1971年，COLES推出的Colossus L6000型汽车起重机，最大起重能力达到250t。该机只生产了1台，采用6轴底盘，桁架臂长66m，可竖立起来做塔机使用。1973年，COLES推出使用箱型伸缩臂的LH1000型汽车起重机（图4-5）。此后，COLES公司因经营不善于1980年宣告破产，1984年被美国格鲁夫（GROVE）兼并。

格鲁夫（GROVE）曾经是世界最大的全地面起重机制造商，1947年创建于美国宾夕法尼亚州Shady Grove。1965年，格鲁夫生产了首台箱型伸缩臂起重机并出口德国。1968年，格鲁夫推出全球第一台具备回转结构的全地面起重机。1970年，推出使用箱型伸缩臂的全地面起重机。1995年，格鲁夫收购了德国克虏伯起重机业务。2002年，格鲁夫又被美国马尼托瓦克集团收购。同年推出的GMK 7450/7550是格鲁夫全地面起重机家族中的顶级机型，最大起重能力为450t（550美吨，美国型号为GMK7550，出口型号为GMK7450，见图4-6），采用7轴底盘，主臂可延伸至60m，加上副臂可达130m。

20世纪70年代以后，世界起重机市场发生了急剧变化。美国醉心于电子信息产业，重工业生产规模不断缩小转移。在起重机的开发上失去了活力。欧洲经济一度陷入低迷，但在工业制造领域仍有长足发展。以德国企业为中心，不断突破特大吨位起重机的世界纪录。日本起重机产业曾高速增长，占据了中小吨位起重机市场，但在日本经济泡沫破灭后一蹶不振。欧洲的移动起重机制造商除了英国COLES外，还有德国哥特瓦尔德（Gottwald）、利勃海尔（Liebherr）、克虏伯（KRUUP）、法恩（FAUN）、法国PPM、西班牙LU-

NA 等。1906 年成立的德国哥特瓦尔德(GOTTWALD)公司，位于杜塞尔多夫，原名为"MUKAG"(Maschinen Und Kranbau Aktien Gesellschaft)，以生产蒸汽式起重机、挖掘机、打桩机为主。1926 年，银行家利奥·歌特瓦尔德(Leo Gottwald)接管了 MUKAG 公司。1936 年，正式改名为 Leo Gottwald KG。哥特瓦尔德公司在二战中劫后余生，1950 年推出了MK-1 型轮式起重机。1956 年，推出世界第一台移动式港口起重机，使用的是轮式载货汽车底盘。

图 4-5 COLES LH1000 型汽车起重机

图 4-6 格鲁夫 GMK7550 型 450 吨级全路面起重机

1959 年，哥特瓦尔德开始生产汽车起重机，此后以生产大吨位汽车起重机闻名于世。旗下的 AK 系列桁架臂汽车起重机从 1978 年开始生产，主要包括 AK150、210、300、350、400、450、680、850、912、1200 等型号。AK210 起重量 210t，采用 7 轴底盘。AK300 为瑞士 Toggenburger 公司制造，只生产了一台，采用 9 轴底盘。这台车后来升级为 400t 级，转卖到了香港。AK350 采用 8 轴底盘，只生产了一台，交给日本的山九株式会社，并于台湾的台塑重工服役。AK450、AK680、AK850 型都只制造了两台，其中 AK850 为 10 轴底盘，起重量 850t。因这部车超过德国道路所规定的轴重限制，所以每次转场运输前，必须先将卷扬机及线轴拆除。AK912 从 1985 年开始制造，以 1200t 的起吊能力创下轮式起重机的世界之最，此车只生产了 3 台。AK912 采用 10 轴底盘，分为前 6 后 4、前 7 后 3 两种，见图 4-7。由于车身过于庞大，超过了德国道路运输极限，所以使用成本极高。

哥特瓦尔德生产的箱型伸缩臂起重机以 AMK 系列命名，包括 AMK45、AMK75、AMK85、AMK125、AMK200、AMK210、AMK306、AMK400、AMK500、AMK600、AMK1000 等众多型号。AMK 为 200t 级起重机，采用 6 轴底盘，后升级为 8 轴，共制造了 7 辆。AMK210 共制造了 13 辆。AMK400 共制造了 4 台。AMK500 由第一台 AKM400-93 升级改造而成，仅此一辆。AMK600 为 9 轴底盘，最大起重量时的工作半径为 2.7m。1985 年为 Riga Mainz 公司制造的 AMK1000-103，全世界仅有一台，10 轴底盘，最大起重量为 1000t，满负荷时工作半径为 4m(图 4-8)。在 2007 年德国利勃海尔推出 LTM11200-9.1 型 1200t 全路面起重机之前，该机保持世界最大吨位箱型伸缩臂汽车起重机世界纪录达 22 年之久。哥特瓦尔德原本是一个家族企业，到 20 世纪 80 年代，利奥·歌特瓦尔德(Leo Gottwald)已经年届九旬，需要退休，但是他的子女们只钟情于家族的金融生意。在后继无人的情况下，老哥特瓦尔德决定将公司出售。其中液压起重机部门于 1985 年出售给了克虏伯，桁架式起重机、铁路起重机业务出售给了曼内斯曼德马格公司。

图 4-7　哥特瓦尔德 AK 912GT 桁架臂汽车起重机

图 4-8　歌特瓦尔德 AMK1000-103 型起重机

德国利勃海尔集团，于 1949 年由汉斯·利勃海尔创立于德国南部小镇基希多夫。该公司位于德国爱茵根的工厂，能够为用户提供 350～1200t 的全路面起重机。利勃海尔的汽车起重机，包括桁架臂的 LG 系列和箱型伸缩臂的 LTM 系列。在 2007 年慕尼黑宝马展上，利勃海尔推出了世界最大的 LTM11200-9.1 全路面起重机。该机采用 9 轴底盘，七节伸缩臂长达 100m，通过使用变幅副臂可延长到 126m，起吊高度达到 170m。可用于安装大型风力发电机。LTM 11200 行驶时重 108t，携带全部支腿和整个转台，吊臂由另外一台车辆运输，见图 4-9。

费尔贝恩蒸汽起重机（Fairbairn Steam Crane），见图 4-10，是目前尚存的最古老的起重机，建成于 1878 年 8 月。该机位于英国布里斯托尔，重达 120t，香蕉型的吊臂高 12m，回转半径 11m，可以举起 35t 重的物品。1988 年修复后，成为布里斯托尔工业博物馆的一部分。

图 4-9　费尔贝恩蒸汽超重机

图 4-10　利勃海尔 LTM 11200-9.1 型 1200 吨级全路面起重机

在德国企业中还有一家独特的公司——罗森克兰茨（Rosenkranz）。这是德国一家大型起重机租赁公司，它的独特之处在于自己“攒”起重机。1969 年，为参加慕尼黑奥运会主体育场工程的投标，罗森克兰茨计划添置一台千吨级起重机。但是当时德马格还没有生产千吨级起重机的能力，哥特瓦尔德的 AK850 仅仅只完成了初期的设计。而罗森克兰茨的资金也十分紧张，于是它选择自己建造起重机。在此之前，罗森克兰茨在 1967 年设计制造了 K-2001 型 200t 桁架臂汽车起重机，1968 年又制造了 K-5001 型 500t 桁架臂汽车起重机，该机在 1973 年升级为 K-6001。为了建造 K-10001（图 4-11），罗森克兰茨让德马格为其提供了回旋机构、克虏伯帮助其制造主臂和桅杆、法恩(FAUN)为其提供特制的L1412/51 型牵引车。1971 年,K-10001 在一片争议声中制造完成,这是世界首台最大起重能力为 1000t 的桁架臂汽车起重机。K10001 经过多次转手,2002 年辛多夫(Sindorf)对该车进行了彻底的翻新改造,换装了与利勃海尔 LTM1800 相同的控制系统,使 K-10001重新焕发了青春。1973 年,罗森克兰茨又建造了 3 台 500t 级起重机,分别命名为 K-5001、K-5002、K-5003。不过其底盘由 1968 年设计的半挂拖车式构型,换成了法恩生产的前 5后 3 全轮驱动底盘。

第二次世界大战后,日本从美国引进了汽车起重机技术,20 世纪 70 年代在与欧美技术交流的基础上做了较大改进,此后在中小吨位起重机市场占据了部分市场。日本的汽车起重机生产商主要包括多田野(TADANO)、加藤(KATO)。多田野创始人为多田野益雄,1919 年创立于日本南部的香川县。1948 年正式成立多田野铁工所株式会社。1955年,生产出日本第一台液压汽车起重机。1969 年,首次向我国出口 100 台 15t 液压汽车起重机。1990 年,多田野收购了德国法恩公司。法恩是德国老牌汽车企业,1919 年创立于德国纽伦堡,主要生产汽车起重机和牵引底盘。1998 年,多田野推出当时亚洲最大的550t 级全路面起重机 AR－5500M(图 4-12),该车采用 7 轴底盘。

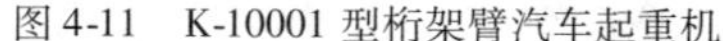
图 4-11　K-10001 型桁架臂汽车起重机

图 4-12　多田野 550t 级全路面起重机 AR-5500M

加藤创立于 1895 年,最初是日本东京都成立的私营炼钢厂“加藤制作所”。1923 年,加藤开始制造铁路用内燃机车,1938 年开始生产发动机、拖拉机、压路机和起重机。1939年,加藤生产的起重机安装到日本航母上,并参加了太平洋战争。日本战败后,加藤从1959 年开始生产液压汽车起重机和地面钻机,1967 年开始生产全液压挖掘机。1969 年,当时亚洲最大的汽车起重机 NK－750 Jumbo 下线。该机采用 4 轴底盘,最大起重量 75t。1980 年,加藤开始生产越野起重机,1987 年开始生产全路面起重机。1995 年,加藤公司为庆祝成立 100 周年,制造了当时亚洲最大的箱型伸缩臂汽车起重机 NK－5000。该机采用 6 轴底盘,是世界上轴数最少的 500t 级起重机,其他公司的同级产品多为 7～9 轴。该车长度只有 13.58m,同时也成为车身最短的 500t 级起重机。多田野与加藤长期处于竞争合作并存的关系,从 20 世纪 60 年代进军世界市场后,获得巨大发展。但是受日本国土狭窄、道路规范的限制,以及日本泡沫经济破灭的打击,在大吨位汽车起重机市场未有太大斩获。

图 4-13 为加藤公司制造的起重机。

三、轮式起重机国内发展史

我国汽车起重机起步于20世纪50年代初期，主要是引进或测绘苏联产品。在此基础上，北京市机械厂（北京起重机器厂前身）于1957年首次在解放牌底盘上生产了3t机械式汽车起重机。在20世纪70年代中后期以前，我国起重机厂家基本以生产5～8t以下的汽车起重机为主，液压起重机也陆续面世。履带式起重机也是在苏联挖掘机的基础上改进而成的，但一直未形成规模。改革开放后，我国轮式起重机经历了一段自行研制过程（16～20t液压箱型伸缩臂）。同时，各厂家分别与日本多田野、加藤，美国格鲁夫，德国利勃海尔等采用引进合作的方式，相继生产出了20t、25t、35t、40t、45t、50t、80t、125t汽车起重机和25t越野轮胎起重机，以及32t、50t、70t、160t全地面汽车起重机。通过对引进技术的消化、吸收和移植，我国的轮式起重机产品性能、制造水平均上了一个台阶，产品产量也逐年有所提高。但受到各方面条件的限制，至20世纪90年代后期，我国的汽车起重机技术与国外相比仍有一段差距。受国家宏观调控政策的影响，建筑市场萎缩。全国汽车起重机销量从1993年的5154台，跌至1997年的2274台。

图4-14为1963年3月徐重制造的我国首台Q51型5t汽车起重机。

图4-13　加藤公司起重机

图4-14　徐重制造的我国首台Q51型5t汽车起重机

进入21世纪后，随着我国经济规模迅速膨胀，大规模的城市建设刺激了工程机械的需求。汽车起重机销量从1999年开始成倍增长，2003年突破1万台。继美国20世纪70年代中期年产7500台、日本1980年年产8000台的产量纪录后，我国成为世界第一大起重机生产国。庞大的市场需求，吸引了大批资金投向起重机行业，徐工集团、中联重科、柳工、三一重工等企业乘势崛起，以年均两位数的惊人速度迅速扩张。各家企业陆续突破中小吨位起重机和超大吨位起重机的研制瓶颈，形成了较为完整的产品谱系。

2000年前，世界主要起重机生产厂家并不看好我国市场。直至2003年，日本多田野才开了起重机合资的先河，与北京起重机器厂成立合资公司，北起持股75%。一时间，国外厂家纷沓而来。经过近两年的挑选和考察，美国特雷克斯购买了长江起重机厂50%的股份。北起和多田野的合资比例也上升到50∶50。马尼托瓦克在山东泰安成立了马尼托瓦克东岳起重机有限公司。这股合资浪潮说明了中国市场的重要性，但外资品牌已经失去了市场先机。2010年上半年，我国起重机企业（13家）累计销售汽车起重机20037台，同比增长48.7%。销量前四名被徐工、中联重科、柳工起重机、三一重工包揽。随着我国城镇化进程不断推进,上述企业仍有较大的成长空间。

图4-15为1975年北京起重机厂生产的Q100型全回转汽车起重机,最大起重量为100t,是当时国内最大的汽车起重机。

图4-15 北京起重机厂生产的Q100型全回转汽车起重机

世界大吨位轮式起重机概况。

(1)XCMG QAY1200,徐工集团,1200t级全路面伸缩臂起重机(9轴,2010年推出)。

(2)SANY SAC12000,三一重工,1200t级全路面伸缩臂起重机(9轴,2010年推出)。

(3)LIEBHERR LTM11200,利勃海尔,1200t级全路面伸缩臂起重机(9轴,2007年推出)。

(4)GOTTWALD AK 912GT,哥特瓦尔德,1200t级桁架臂汽车起重机(6+4轴,1985年推出,仅3台)。

(5)GOTTWALD MK1200-113,哥特瓦尔德,1200t级桁架臂汽车起重机(6+5轴,1980年推出,仅1台)。

(6)GOTTWALD AMK1000,哥特瓦尔德,1000t级全路面伸缩臂起重机(6+4轴,1985年推出,仅1台)。

(7)TEREX-DEMAG AC1000,特雷克斯—德马格,1000t级全路面伸缩臂起重机(9轴,2008年推出)。

(8)Rosenkranz K-10001,罗森克兰茨,1000t级桁架臂汽车起重机(9轴,1971年制造,仅1台)。

(9)GOTTWALD AK 850,哥特瓦尔德,850t级桁架臂式起重机(6+4轴,1982—1984年共造2台)。

(10)LIEBHERR LTM1800,利勃海尔,800t级全路面伸缩臂起重机(8轴,1981年推出)。

(11)XCMG QAY800,徐工集团,800t级全路面伸缩臂起重机(8轴,2010年推出)。

(12)TEREX-DEMAG AC800,特雷克斯—德马格,800t级全路面伸缩臂起重机(9轴)。

(13)TEREX-DEMAG AC700,特雷克斯—德马格,700t级全路面伸缩臂起重机(9轴)。

(14)Rosenkranz K-6001,罗森克兰茨,600t级桁架臂汽车起重机(8轴,1973年升级,仅1台)。

(15)TADANO AR-5500M,多田野,550t级全路面伸缩臂起重机(7轴,1998年推出)。

(16)XCMG QAY500,徐工集团,500t级全路面伸缩臂起重机(8轴,2008年推出)。

(17)ZOOMLION QAY500,中联重科,500t级全路面伸缩臂起重机(8轴,2010年推出)。

(18)LIEBHERR LTM1500,利勃海尔,500t级全路面伸缩臂起重机(8轴)。

(19)TEREX-DEMAG AC500-2,特雷克斯—德马格,500t 级全路面伸缩臂起重机(8 轴)。

(20)GOTTWALD AMK500-93,哥特瓦尔德,500t 级全路面伸缩臂起重机(9 轴)。

(21)DEMAG AC1600,德马格,500t 级全路面伸缩臂起重机(9 轴)。

(22)KATO NK-5000,加藤,500t 级箱型伸缩臂汽车起重机(6 轴,1995 年推出)。

(23)KRUPP GMT500,克虏伯,500t 级全液压伸缩臂吊车(4 +5 轴)。

(24)GROVE GMK7550,格鲁夫,450t 级全路面伸缩臂起重机(7 轴)。

图 4-16 为 2008 年徐重推出的 QAY500 型 500t 级全路面起重机。

图 4-17 为徐工 QAY160 型 160t 级全路面起重机,单台售价超过 800 万元人民币。

图 4-16　徐重 QAY500 型 500t 级全路面起重机

图 4-17　徐工 QAY160 型 160t 级全路面起重机

四、国内常见轮式起重机品牌及企业文化

1. 徐工 XCMG 徐工集团

图 4-18 为徐工 QY70K 型起重机。

2. 中联重科 ZOOMLION

图 4-19 为中联重科起重机。

图 4-18　徐工 QY70K 型起重机

图 4-19　中联重科起重机

3. 三一重工 SANY

图 4-20 为三一重工起重机。

4. 德马格 DEMAG A TEREX BRAND

图 4-21 为德马格起重机。

图 4-20　三一重工起重机

图 4-21　德马格起重机

德马格起重机械的历史开始于 1819 年魏特鲁尔区的机械工厂。公司在 1840 年已经开始生产桥式起重机,并专注于生产起重机部件。在 1910 年开始生产包括电驱动在内的提升设备。如今,德马格起重机械是一个坐落在德国的全球性企业,子公司和许多合作代理商遍布世界各地。基于产品种类中的驱动产品、轻型起重机和标准起重机业务,德马格起重机械为小型工作坊到大型工业的各类公司提供物流、工业驱动产品的解决方案。

德马格发展历程。

1819 年,在魏特成立机械公司。

1840 年,开始生产桥式起重机生产。

1910 年,开始生产电动葫芦。

1939 年,在魏特建立德马格火车有限责任公司。

1953 年,开始生产移动式起重机(直至 1969 年)。

1961 年,在巴特贝格匝本成立生产车间,生产电动环链葫芦和电动配件。

1962 年,接管在汉堡的电力发动机的生产厂商,德马格在居特斯洛为贝塔斯曼集团建造了世界上高度最高的立体仓库。

1963 年,开始生产起重机系列产品。

1970 年,在哈根成立德马格系统工程有限责任公司。

1983 年,在乌斯拉建立工厂,生产制动电机。

1988 年,在印度尼西亚、马来西亚、菲律宾、新加坡和泰国成立装卸机械工程有限公司与生产工厂。

1990 年,在图林根州的卢伊森塔尔(Luisenthal)工厂开始起重机生产。

1991 年,并购瑞士迪特利的汉斯菲尔公司和在美国大瀑布城的罗普斯坦公司。

1992 年,重组德马格集团。

1994 年,成立曼内斯曼德马泰克上海有限公司。

1996 年,收购杜伊斯堡曼内斯曼德马泰克集团的移动起重机部门。

1997 年,公司更名为曼内斯曼德马泰克集团。成立曼内斯曼德马泰克(印度)公司。

1998 年,在迪拜,成立曼内斯曼德马泰克(中东)分公司。

完成在澳大利亚史密斯菲尔德的曼内斯曼德马泰克公司的接管。

收购美国密茨根州 Protomark 公司。

收购法国阿尔卡特下属邮政自动化部门。

收购意大利 Donati Sollevamenti。

1999 年,收购诺德林根 Zasche 有限公司。

2000 年,曼内斯曼德马泰克成为曼内斯曼集团下属汽车和工程子公司。西门子集团收购曼内斯曼集团下属汽车和工程子公司。

2001 年,内斯曼集团旗下汽车和工程子公司被西门子和博世收购,成立德马格起重机械有限公司。

2002 年,德马格起重机械被西门子(19%)和 KKR 财团(81%)的合资公司收购。

2006 年,整合德马格起重机械有限公司和高华港口技术有限公司,德马格集团于 6 月底成功上市。

2012 年,美国上市公司特雷克斯(TEREX)收购德马格起重机械(上海)有限公司。

5. 柳工 LIUGONG 柳工

图 4-22 为柳工起重机。

6. 抚挖 抚挖重工

图 4-23 为抚挖重工起重机。

图 4-22　柳工起重机

图 4-23　抚挖重工起重机

辽宁抚挖重工机械股份有限公司,是一家集研发、生产、销售为一体的工程机械专业制造企业。公司始创于 1904 年,企业前身是具有百年发展历史的抚顺挖掘机厂,是我国拥有最长建厂历史的工程机械制造企业,曾为新中国的民族工业发展作出过非凡贡献。新中国成立六十多年来,遍布海内外建设工地近 2 万台的市场保有量,是百年抚挖的骄傲。

抚挖重工是国内历史最久、品种系列最全、最具综合竞争力的液压履带式起重机专业制造商。潜心于工程起重机行业发展近 30 年,积累了丰富的研制经验和一批高精尖的技术人才。截止到 2010 年,公司已拥有从 25 ~ 1250t, 18 个吨级、25 种型号的履带式起重机全新系列产品。尤其是亚洲首台自主研发的超大吨位液压履带式起重机 QUY1250 的问世,体现了企业强大的研发实力。目前抚挖重工正在积极进行 3200t 级液压履带式起重机的开发。

2009 年 6 月,抚挖重工成立全资子公司“辽宁抚挖锦重机械有限公司”,收购了“锦州重型”,充分利用汽车起重机的生产资源,结合抚挖高起点、国际化的产品研发思路,大力开发新一代满足国际化标准的全新系列产品。

面对新形势下的市场竞争格局，为巩固和加强企业核心优势，抚挖重工始终贯彻以质取胜、创新求发展的经营理念，不断加强管理和提升服务能力，使用户的权益得到有力保障。健全的组织机构、科学的业务流程、明确的岗位责任、标准的操作规范，为实现抚挖重工持续发展目标奠定了坚实基础。

通过转制以来的快速发展，抚挖重工取得了令人瞩目的成绩，经营业绩大幅提升。2009 年，抚挖进入全球移动式起重机制造商销售收入排名前 10 名；在中国工程机械工业协会起重机分会举办的“2010 年全球起重机峰会”上，抚挖重工被评为全球移动式起重机十强企业。

2010 年，抚挖重工在全国规模最大、配套完整的辽宁装备制造基地另辟 40 万 m^2 土地，拟建一个具有国际先进水平的履带式起重机研制基地。抚挖重工新工业园区大型起重机研制基地的建设，将对国内履带式起重机市场产生新的影响，对于提升国产液压履带式起重机制造能力和参与国际市场竞争具有划时代的深远意义。

在未来，抚挖重工将充分利用过去数十年来积累的丰富经验和形成的核心竞争优势，通过“精细化—多元化—国际化”这三大战略目标的实施来推进企业发展；全力打造一个以履带式起重机为支柱产业，以汽车起重机、桩工机械和矿用挖掘机等为发展依托的综合机械制造商。

7. 马尼托瓦克东岳 Manitowoc

图 4-24 为马尼托瓦克东岳起重机。

马尼托瓦克东岳重工有限公司是由泰安东岳重工有限公司与美国马尼托瓦克起重集团合资组建的公司。

图 4-24 马尼托瓦克东岳起重机

东岳重工（原名泰安起重机械厂，成立于 1972 年 12 月）位于泰安高新技术产业开发区，企业注册资本 5298 万元，有员工 900 余人，其中各类专业技术人员 180 人。拥有各类生产设备 235 台，大型专用设备 50 台。企业主要生产、销售 QY8 ~ QY50t 系列汽车起重机，产品销售覆盖全国，并出口到东南亚及欧美地区，主导产品 QY 系列汽车起重机产销量位居全国第四位。东岳重工被列为山东省三大工程机械制造基地之一和泰安市汽车工业龙头企业之一。企业已获得 ISO9000 质量管理体系民品和军品认证、中国质量强制认证、国家机电产品出口质量许可证；起重机产品被评为山东省名牌产品、“东岳牌”商标被评为山东省著名商标。产品在市场上享有较高的声誉和客户认知度。

马尼托瓦克公司于 1902 年成立于美国威斯康星州马尼托瓦克镇，在全球二十多个国家、地区拥有制造基地，而且还将不断地扩大规模以满足客户的需求。公司拥有员工 7500 名，2007 年销售额为 40 亿美金，其中起重集团占 80% 以上。马尼托瓦克起重集团是马尼托瓦克公司三块业务中最主要的组成部分，主要业务是生产、销售起重机，拥有员工近 5000 人，2007 年销售额达 33 亿美金，超越利勃海尔和特雷克斯成为全球十大工程起重机榜首，其麾下品牌有马尼托瓦克（Manitowoc）、波坦（Potain）、格鲁夫（Grove）、万国（National）等世界级起重机品牌。为了满足不同客户群日益增长、日益变换的需求，马尼托瓦克起重集团遍布世界各地。在美洲区、泛欧洲区和亚太区三个具有战略意义的地区里，公司拥有4200多名制造、销售和维修服务专家。

2006年11月开始，东岳重工与马尼托瓦克展开了汽车起重机合资项目谈判。双方谈判历时16个月，于2008年2月27日在山东省工商局登记注册，成立了合资公司即泰安东岳重工有限公司，双方各占50%股份。从2011年开始，马尼托瓦克加大了对东岳的投资力度，向东岳输入了马尼托瓦克旗下格鲁夫品牌的先进设计理念，优化了加工制作过程中的烦琐环节，减少了装配和制造中带来的技术隐患。2012年3月，马尼托瓦克东岳新推出的GT8和GT10A两款汽车起重机便是双方融合之后的结晶，目前这两款产品在市场上广受用户青睐。

8. 特雷克斯 TEREX

图4-25为特雷克斯起重机。

9. 利勃海尔 LIEBHERR

图4-26为利勃海尔起重机。

图4-25　特雷克斯起重机

图4-26　利勃海尔起重机

10. 长江 长江

图4-27为长江起重机。

图4-27　长江起重机

根据国家加强三线建设的需要，国家投资740万元，将北京起重机器厂一分为二，于1965年3月15日在四川省泸州市创建了四川长江工程起重机有限责任公司的前身长江起重机厂。长江起重机厂于1966年初建成，同年6月1日投入试生产，成功地制造了首批20台机械式Q51型5t汽车起重机,1966年12月工厂正式投产,当时拥有固定资产1100万元,职工1100人。

公司具有多年的汽车起重机和其他工程机械产品的生产制造历史,是我国第一台全液压起重机诞生地,也是我国第一台叉装机诞生地,是我国著名的汽车起重机企业。公司始终坚持科技领先的战略,通过技术引进、技术创新和不断的技术改造,其技术开发实力、生产制造能力、产品品种结构和质量控制能力处于同行业领先地位。

长江牌全液压系列汽车起重机融汇了欧美产品的先进性和日本产品的适用性,以其先进的技术、可靠的质量经受了市场的检验,并成长为我国汽车起重机行业的知名品牌,是国内设计制造全液压汽车起重机系列最全、规模宏大的现代化大型工程机械企业之一。

公司的发展。

1970年,长江起重机厂为满足国防建设的需要,主动承担了研制16t全液压汽车起重机的任务,全厂备战100天,于同年6月自行设计、研制成功两台Q2-16型全液压汽车起重机,开创了我国制造全液压汽车起重机和汽车起重机专用底盘的先河。同年12月,长起又自行开发、研制成功Q2-6.5型6.5t全液压汽车起重机。

1971年,长起采用解放CA30越野汽车底盘,研制成功了我国第一台越野汽车起重机Q2-7型液压汽车起重机。同年,长起研制成功第一机械工业部军工重点新产品Q2-321型32t全液压汽车超重机。

1972—1973年,长起对Q2-16、Q2-6.5、Q2-7、Q2-321型4种新产品进行整顿,提高了产品质量和制造手段,并形成批量生产能力。

1974年,长起投入大量人、财、物力,研制成功QY5型5t全液压汽车起重机,并投入批量生产。是年,完成了产品由机械传动向液压传动的转变。

1975—1976年,为满足经济建设和国防建设的需要,长起产品开始由中小吨位向中大吨位过渡。

1976年12月,长起研制成功我国首台QY65型65t全液压汽车起重机,为我国自行设计、制造中大吨位全液压汽车起重机创出了一条新路。

1977—1982年6年间,长起先后研制成功了QY8、QY20、QY25、QY40型等新产品。1982年,长起成为机械工业部定点生产液压汽车起重机的专业厂和重点骨干企业,跃居同行业四大骨干企业行列,成为国内首家中大吨位液压汽车起重机研制生产基地。

1983年,长起瞄准世界先进水平,在全国同行业中率先引进了德国利勃海尔LT1040、LT1080、LTM1125三个型号的生产设计制造技术及与之配套的13项相关新技术,并于1983年底开始,投资3000万元,新建车间25043m^2、试车场地8000m^2。同时,增置国产主要生产设备225台套,进口日本、德国、瑞士等国先进设备仪器27台套。工厂通过“六五”、“七五”技术改造,使工厂布局、生产工艺、制造能力、设备配套均能满足扩大生产和引进技术的要求,并形成了钢结构件制造、专用底盘、桥箱制造和中大吨位汽车超重机总装调试等优势。通过对引进技术的消化吸收,不仅大幅度提高了合同产品的自制率,而且还相继移植并延伸了总体设计、钢结构设计等17项专有技术,初步形成了长江牌产品的技术特色和技术优势,提高了工厂的自主开发及制造能力和水平,加速了长江牌产品的开发和更新。

1984年12月，长起成功地组装出14台LT1040型汽车起重机合同产品，产品质量完全达到德方标准，结束了工厂产品长期徘徊在国际上六十年代末~七十年代初技术水平的局面。

1985年，长江起重机厂应用消化、吸收的国际先进技术开发研制成功了具有国际先进水平的16t、20t的更新换代产品QY16C及QY20A。QY16C、QY20A产品的开发成功，标志着长江牌产品的发展进入了一个新的阶段。

1986年5月，长起研制成功QY125型125t全液压汽车起重机，使我国成为继美国、英国、德国、日本后第五个能自行设计、制造百吨级以上液压汽车起重机的国家。同年，长起成为国家机电产品出口扩权企业。

1987—1988年，长江起重机厂先后成功开发了12tQY12、25tQY25汽车起重机和港口固定吊等新产品。

1989—1998年，根据国内外市场的变化和要求，工厂先后开发了技术含量大、起点高、功能齐全并具有国际九十年代先进水平的出口型QY25B、QY25C、QY32、QY32B、QY40B、QY50、QYR50等8×4系列产品，该系列产品大量出口到澳大利亚、韩国等国家和地区。其中，1990年研制成功的QY25B型汽车起重机开创了我国制造右置驾驶室、四桥、四节臂、主副卷扬可同时或单独作业的高性能汽车起重机的历史。产品投放市场后，深受国外客户的青睐。在这一时期，长江起重机厂成功地完成了承担的“八五”国家重点技术开发项目——QY80汽车起重机及其关键技术研究工作，并成功地研制了国内第一台高性能80t全液压起重机。此外，在这一时期长江起重机厂还先后成功地开发了QY8C、QY12B、QY16D、QY16E、QY25D等型号的汽车起重机产品和SQS3.2、SQS5型随车起重运输车、QZ3型道路清障车、GKS25型高空作业车、50t桁架式汽车起重机、8~160t铁路吊起重臂等变型及新的门类产品，完善了长江牌汽车起重机的系列，丰富了长江牌产品的种类。为工厂调整长江牌产品的结构、拓展发展空间，打下了良好的基础。

1998年12月，按照《中华人民共和国公司法》和现代企业制度，长江起重机厂通过重组、改制，正式注册成立了具有企业法人资格的国有四川长江起重机有限责任公司，四川长江起重机有限责任公司是四川长江工程机械集团有限公司的全资子公司。

2003年5月，四川长江起重机有限责任公司通过改革改制，组建为四川长江工程起重机有限责任公司。

1999年至今，公司根据市场的变化和国家国防建设的需要先后开发成功了具有当今国际先进水平的SQS8、SQZJ12、SQZJ25等型号的高性能随车起重机、CZS3型伸缩臂越野叉装车、JC6、JC7型混凝土搅拌运输车等多种新产品。

2006年，公司与世界一流的工程机械跨国集团——美国特雷克斯公司(TEREX)合资。

2012年3月21日，中国国机重工集团有限公司控股四川长江起重机公司。

第二节 履带式起重机

履带式起重机发展史

目前，世界上能够生产800t级以上大型履带起重机的厂家主要有：德国利勃海尔、美国特雷克斯—德马格、美国马尼托瓦克、中国三一重工、中国中联重科、中国抚挖重工、日本神钢等企业。

图 4-28 为德国利勃海尔 LR 11350 型 1350t 级履带式起重机。

图 4-28　利勃海尔 LR11350 型 1350t 级履带式起重机

1. 德国履带式起重机发展概况

德国在工程机械领域拥有深厚的历史积淀和强大的研发实力，创造了极其辉煌的成就。1906 年成立的德国哥特瓦尔德公司，被誉为起重机业界的不朽传奇。其历经两次世界大战，在炮火中奇迹般生存下来。在 20 世纪 80 年代鼎盛时期，制造的一系列特大吨位起重机，可以说是世界工程机械史上的奇迹。德国克虏伯公司，二战后转产民用工程机械，积极参与德国重建，在工程机械领域迅速崛起，生产的起重机械行销全世界。德国德马格原属德国曼内斯曼集团旗下企业，是欧洲老牌工程机械企业，拥有近 200 年历史，以其无与伦比的品质享誉世界。然而近年来，德国人苦心经营上百年的几大著名起重机品牌却“各奔东西”。1985 年克虏伯收购了哥特石尔德后，起重机业务如虎添翼。哥特石尔德的桁架式起重机业务，则被德马格买走。但是仅仅过了十年，克虏伯的起重机业务被美国格鲁夫收购。2002 年，格鲁夫又被美国马尼托瓦克集团收购。2000 年，曼内斯曼集团进行结构重组，将德马格起重机业务出售给西门子集团。2002 年 5 月，西门子又将德马格转卖给美国特雷克斯集团。仅存的利勃海尔，若从税收上来讲，却是瑞士企业。

起重机是利勃海尔的核心业务之一。2008 年，利勃海尔共交付了 1744 台起重机，销售额达到 19.03 亿欧元。利勃海尔位于德国爱茵根的工厂，能够为用户提供 350 ~ 1200t 的全路面起重机和 104 ~ 1350t 的 LR 系列履带式起重机。产品特点包括具有全球卫星定位系统。2005 年，利勃海尔推出的 LR 11350 履带式起重机，最大起重能力 1350t，工作半径 12m，最大载荷力矩 22748t · m，主起重臂长 30 ~ 150m，副臂长 36 ~ 114m。该产品的前两台都卖给了中国用户，售价 1.7 亿元人民币。2006 年 6 月，中石油一建用该型起重机在大连石化成功吊装了 1206t 重的加氢反应器。

2. 美国履带式起重机发展概况

美国特雷克斯是全球第三大工程机械制造商，总部设在美国康涅狄格州的西港，旗下设有 5 大部门，在全球有 9 个生产基地，拥有 21000 余名员工。

起重机是其第二大业务，占总收入的 30%。1918 年，特雷克斯设计了第一台轮胎起重机。此后产品涉及伸缩臂、履带式和塔式起重机。2002 年 5 月，特雷克斯起重机集团收购了德国德马格的起重机业务。2006 年，特雷克斯收购了四川长江起重机 50% 的股份。特雷克斯在我国有 4 家合资企业和 3 家独资企业。

特雷克斯—德马格能够生产 30 ~ 1000t 的全路面起重机和 50 ~ 3200t 的 CC 系列履带式起重机。2002 年，推出的 CC8800 型 1250t 履带式起重机，是世界第一款商业定型的 1000t 级履带吊（图 4-29）。在结构上采用模块化设计，外形尺寸结构紧凑、拆装方便，可

图 4-29 CC8800 型 1250t 履带式起重机

以在高速公路上快速运输。该型后来升级为CC8800-1 型 1600t 履带式起重机。2006 年，推出的特雷克斯 CC12600 型履带式起重机，最大起重能力 1600t，工作半径 8m，采用戴姆勒克莱斯勒 OM 442 LA（405kW）发动机，主臂长 54～114m，固定副臂长 42～120m。

2007 年底，特雷克斯以 2000 万欧元售出第一台 CC8800－1 TWIN 型履带式起重机，最大起重能力 3200t，工作半径 8m，最大起重力矩 44000t·m。这是当时世界起重能力最大的履带式起重机。该机实质上是由两台 1600t 级 CC8800-1 型吊机组成的双臂架吊机，超起状态时配重 1740t。2008 年 4 月 2 日，中国核工业建设集团中原建设公司订购一台 CC8800-1 TWIN 型 3200t 级履带式起重机，用于山东海阳核电站建设，合同金额超过 2 亿元。

美国马尼托瓦克起重机公司，创建于 1902 年，位于美国威斯康星州马尼托瓦市，前身是一家造船厂，现为是移动起重机制造商。1925 年，马尼托瓦克制造出第一台作为工厂自用的桁架式履带式起重机，此后涉足船舶起重机及轮式起重机等产品，拥有万国（National）随车吊等品牌。2001 年，收购了全球最大的塔机企业——法国波坦（POTAIN）起重机公司。2002 年，又将著名的全地面起重机制造商——格鲁夫收入囊中。2005 年，投资 3000 万美元在江苏张家港建设大型塔机工厂。2008 年，集团销售收入达 38.83 亿美元。马尼托瓦克生产的履式带起重机有 13 个型号，起重吨位涵盖 45～1300t。其产品在一定程度上体现了美国不拘形式的设计风格。著名的 M21000 型履带吊（图 4-30），起重量 907t（1000 美吨），该车具有非常低的重心和独特的 4 组 8 条履带行走装置。2006 年 2 月，中石化山东十建购买了一台该型履带吊。马尼托瓦克 1300t 级 M1200 型履带式起重机，具有环轨装置。环轨位于起重机行走机构的外围，提高了整机稳定性。但构筑环轨增加了费用，起重机使用中无法带载行走。同级不带环轨装置的型号为 M2250 型。M31000 型，最大起重量为 2300t，主臂长 55～105m，固定副臂长 24～42m，同样采用独特的 4 组履带行走装置，具有可变位置配重装置，可以在吊装过程中

图 4-30 马尼托瓦克生产的 M21000 型履带式起重机

自动展开。

3. 日本履带式起重机发展概况

日本的履带式起重机起步于20世纪50～60年代，以机械传动为主，70年代开始迅速发展，并以液压传动为主。在1992年前后的泡沫经济时期，日本履带式起重机曾经创造了年销售量突破2000台的纪录。但泡沫经济破灭后，2003年日本国内履带式起重机市场销售跌至低谷，年销售量仅351台，与高峰时形成巨大反差。日本的起重机生产厂家，主要有神钢、日立住友和石川岛公司。

神户制钢创立于1905年，从1953年开始生产轮胎式起重机。1964年，开发了3000系列履带式起重机，1977年开发了5000系列履带式起重机，1983年设计成功5650型履带式起重机，最大起重量650t，1984年升级换代为7000系列。1993年，研制成功SL13000型履带式起重机（图4-31），最大起重吨位达到800t。此外，还针对欧美市场开发了60～250t级的CKE系列带起重机。其产品系列化程度高，注重发展中小吨位履带式起重机，因此在全球市场占有一定份额。

图4-31　神户制钢SL13000型履带式起重机

住友是日本屈指可数的企业集团，历史可追溯至1585年，明治时期形成住友财阀，二战后被强令肢解。各企业独立发展后，形成今天的住友企业群。1963年，住友重机械工业（株）与美国林克—贝尔特（Link-belt）公司合作，研制履带式起重机及汽车起重机。1964年开始销售"住友Link-belt"牌汽车起重机，1970年开发出油压式载货汽车起重机，1975年在千叶工厂开始制造液压履带式起重机。1990年开发出全地面起重机。

日立创建于1910年，1965年，日立制作所（株）的建设机械销售部门及服务部门合并后，成立日立建机株式会社，1970年设立工厂，1971年开始销售KH150全油压式履带起重机。1981年与多田铁工所合作，生产载货汽车起重机和履带式起重机。1994年将KH系列升级为CX系列。

2001年，住友建机进行公司分化，设立住友重机械建机起重机（株）。2002年7月1日，住友重机与日立建机株式会社合并，成立日立住友重机械建机起重机（株）。主要生产30～750t级SCX系列履带式起重机，以及全地面起重机。

日本石川岛播磨重工业株式会社，成立于1853年，是日本三大重工业制造企业之一，至今已有100多年历史。它的前身为造船厂，现已经发展成为全面的重工业制造商，产品涉及航空航天、核电化工、交通船舶、工程机械等门类。起重机产品是其弱项，主要与美国特雷克斯合作生产275t以下级别的履带式起重机。

总的来说，日本企业生产的履带式起重机，主要以300t以下的型号为主，注重产品的精细化和系列化，与欧美产品相比，以性价比取胜，比较适合发展中国家的市场需求。

4. 我国大型履带式起重机发展概况

我国目前是世界最大的起重机市场，但我国起重机的发展历史较短。2004 年之前，不要说 250t 以上的履带式起重机，即便是 150t 以上的履带式起重机也全部为进口产品。当时，国产最大的液压履带式起重机，是抚顺挖掘机厂生产的 QUY150A 型 150t 级履带式起重机（图 4-32）。我国起重机历史，开始于新中国成立初期。1954 年，北京建华铁工厂（后更名为北京起重机器厂）试制成功"少先式"起重机。该机除用电动卷扬起吊货物外，转向与行走均靠人力。同年 9 月 6 日，抚顺重型机器厂试制成功 2 ~ 6t 塔式起重机。1957 年底，北起通过仿制苏联 K51 型 5t 机械式汽车起重机，制成 K32 型汽车吊，成为国内第一家生产轮式起重机的企业。同年 9 月 30 日，抚顺重型机器厂试制成功了我国第一台 1.5m³ 抓斗式起重机，每小时可装卸 90t 煤。

图 4-32　抚顺挖掘机厂生产的 QUY150A 型 150t 级履带式起重机

1958 年，北起在 K32 型基础上改进设计的 Q51 型 5t 汽车起重机，批量生产后分散到全国多家工厂生产，同年 8 月正式改名为北京起重机器厂。1960 年，改进设计的机械传动 Q81 型 8t 汽车起重机以及 100t 桥式起重机试制成功，Q51 型 5t 汽车起重机出口援外，开始了我国汽车起重机的出口历史。

1963 年 3 月，徐州重型机械厂（徐工集团前身）生产的第一台 Q51 型 5t 汽车起重机下线。1964 年，北起开始研制液压元件，为生产液压式起重机打下基础。1966 年，根据"三线建设"的方针，北起厂一分为二，将 235 台设备、约 2600 名生产技术骨干及家属、全套起重机技术图纸，配套运往四川泸州，仅用了一年时间就建立起当地最大规模的国营企业——长江起重机器厂。1968 年，Q84 型 8t 液压汽车起重机试制成功，这是我国自行研制的第一台液压式汽车起重机。1976 年，北起与长沙建设机械研究所联合，试制成功 QD100 型 100t 桁架臂式汽车起重机，并应用在唐山大地震抢险中。

至此，我国起重机行业经过二十余年发展，虽然形成一定的产业规模，但技术含量与西方国家仍然有极大的差距。履带式起重机还是一片空白。20 世纪 80 年代初期，随着改革开放，国内开始大规模基础设施建设，但急需的液压履带式起重机仍然要高价从国外进口。为此，国家采取以市场换技术的方式，分别从日本和德国引进中小吨位履带起重机生产技术。1984 年，抚顺挖掘机制造厂引进日立技术，生产出国内第一台 QUY50A 型 50t 级液压履带式起重机（图 4-33）。1989 年，开始批量生产液压履带起重机，但产量极低。在 2000 年之前，市场容量一直很小，发展速度极其缓慢。

图 4-33　QUY50A 型液压履带式起重机

从 2004 年开始,随着中国经济崛起,电力、石化、钢铁、交通基础设施进入建设高潮。国内履带式挖掘机市场快速膨胀。有实力的企业全力加大了对履带式起重机的研发投入,抚顺挖掘机制造有限责任公司于 2005—2006 年,先后推出了 250t 和 350t 履带式起重机,徐州重型机械有限公司 2005 年推出 300t 履带式起重机。除了以上两家国内原有的履带式起重机生产厂家外。2004 年,上海三一科技有限公司加入了履带式起重机制造商的行列,陆续推出 50t、80t 和 150t 履带式起重机,2006 年又推出 400t 履带式起重机。2004 年底,中联重科浦沅分公司推出 200t 履带式起重机,此后又陆续推出 70t、100t、160t 和 50t 履带式起重机。至此,国内履带式起重机已有 35 ~ 400t 十几个型号,形成了较为全面的产品型谱。抚挖、徐重、三一、中联浦沅成为主要生产企业。

图 4-34　中联浦沅 QUY1000 型 1000t 级履带式起重机

2006 年底,徐重和中联浦沅分别推出 450t 和 600t 级履带式起重机。2007 年,上海三一科技陆续推出 630t、900t 级履带式起重机,2008 年推出 1000t 级产品。2009 年 4 月 22 日,抚挖重工与中国第一冶金建设有限责任公司签约,为其研制一台 1000t 级履带式起重机,合同价格 1.378 亿元。2009 年 9 月 28 日,由中联浦沅与大连理工大学合作开发的 QUY1000 型 1000t 级履带式起重机(图 4-34)正式下线。徐重的 1000t 级履带式起重机正在研发中,将于近期下线。代表世界最高水平的 1600 ~ 3200t 级履带式起重机,三一科技、中联浦沅等企业已具备研发实力。

至此,中国履带式起重机行业,用 5 年时间实现了整体式跨越。被日本企业占领的中小吨位履带式起重机市场,已经逐步被国内企业收复。大型履带式起重机市场,也越来越多地出现国产品牌,形成与欧美企业分庭抗礼的局面。虽然国内产品在品种、产量、性能等方面,与欧美产品相比尚存在一定差距。但我们相信,随着我国工业化水平逐步提高,在未来 10 ~ 20 年时间里,我国起重机企业有能力抹平这个差距,赶上甚至超过欧美企业。

图 4-35　三一 SCC11800 型 1180t 级履带式起重机

图 4-35 为三一 SCC11800 型 1180t 级履带式起重机。

第五章　压实机械

学习目标

1. 能讲述压实机械的发展史；
2. 熟悉国内外著名压实机械企业的企业文化。

第一节　压实机械的概述与发展史

一、压路机的主要用途和类型

1. 用途

压路机主要用来压实各种土壤(多为非黏性)、碎石料、各种沥青混凝土等,主要用在公路、铁路、机场、港口、建筑等工程中,是工程施工的重要设备之一。在公路施工中,它多用在路基、路面的压实,是筑路施工中不可缺少的压实设备。

(1)单钢轮振动压路机。单钢轮振动压路机具有静线载荷大、压实影响深、作业效率高等特点,可以有效地压实各类砂土、砂砾石等非黏性土壤、碎石、块石、堆石等不同类型的铺层,适用于道路、机场、路堤填方、海港码头、大坝等土石方基础压实施工。

(2)双钢轮振动压路机。双钢轮振动压路机主要适用于沥青混凝土、RCC 混凝土等路面的压实,也可用于路基、次路基和稳定层等的压实。

(3)轮胎压路机。轮胎压路机是一种依靠机械自身重力,通过特制的充气轮胎对铺层材料以静力压实作用来增加工作介质密实度的压实机械,被广泛应用于各种材料的基础层、次基础层、填方及沥青面层的压实作业;尤其是在沥青路面压实作业时,其独特的柔性压实功能是其他压实设备无法代替的,是沥青混合料复压的主要机械,也是建设高等级公路、机场、港口、堤坝及工业建筑工地的理想压实设备。

2. 分类

(1)按压实原理分:静作用式、振动式、振荡式。

(2)结构质量分:轻型、小型、中型、重型、超重型。

(3)按碾压轮的形式分:光钢轮、振动轮、羊足轮。

(4)按机架分:整体机架、铰接机架。

(5)按碾压轮数量分:单轮、双轮、三轮。

(6)按行驶方式分:自行式、拖式。

(7)按驱动数分:单轮驱动、双轮驱动、全轮驱动。

(8)按传动方式分:机械传动、机械液力传动、全液压传动。

二、压路机发展史

早在4500年前,古埃及人已经制造出用于压实地基的重型压碾器物,并应用于建造金字塔时对地基的压实处理。在机械科技发展史上,这种古老机械是现代冲击式压路机的起源。远古欧洲人也在4300年前建造巨石阵时发明了类似器物。巨石阵坐落在英国伦敦西南100多千米的索尔兹伯里平原上。古埃及人的压碾器物由杠杆和重型巨石等物件组成,由畜力操作重石,对土壤进行冲击压踏、搓揉和捣实来处理地基。

19世纪,西方的道路工程以碎石子铺路为主,压实主要靠车辆自然碾压,直到1858年英国发明了轧石机后,促进了碎石路面的发展,才逐渐出现用马拉滚筒进行压实工作,见图5-1,这是压路机雏形。

1860年,法国出现了蒸汽压路机,进一步促进并改善了碎石路面的施工技术和质量,加快了施工进度。在20世纪初,世界上公认碎石路面是当时最优良的路面,因而推广于全球,压实的概念逐渐被人们接受,压路机也随之出现在各个道路施工工地上。

图5-2、图5-3为蒸汽压路机。

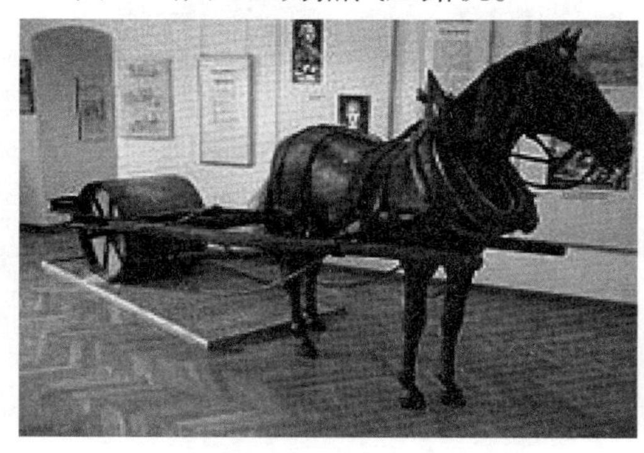

图5-1　马拉滚筒压实路面

图5-2　蒸汽压路机1

20世纪初,美国人制出第一台内燃机驱动的压路机。随后出现的是轮胎压路机,羊足碾压路机与光轮压路机几乎是同时产生的,人们对静碾压路机的压实效果进行了研究,认为增加压路机的重量可使压路机的线压力增加,从而提高压实效果。于是,在相当长的一段时间内,人们致力于开发大吨位压路机,最大的轮胎压路机曾重达200多吨,不过这段时期内,压路机的变化主要还是体现在动力及外形的改进上。

图5-4为内燃机压路机。

1930年,德国使用振动压实技术,并于1940年发明拖式振动压路机。

1940年,美国生产出世界上第一台轮胎式压路机。

图 5-3　蒸汽压路机 2

图 5-4　内燃机压路机

1957 年,瑞典研制出了轮胎驱动自行式振动压路机。

世界压路机知名制造企业主要集中在德国、瑞典、美国和日本。排在前几位的压路机制造商主要有美国的英格索兰(见图 5-5,注:英格索兰于 2007 年将旗下的压路机业务出售给 VOLVO)和卡特彼勒(图 5-6)、德国的宝马格图(5-7)和维特根(WIRTGEN)、瑞典的戴纳派克(DYNAPAC)(图 5-8)、日本的酒井重工(SAKAI)(图 5-9)。这些国外著名压路机均已经在我国建立工厂并占据国内高端压路机市场百分之六十以上的份额。

图 5-5　英格索兰压路机

图 5-6　卡特彼勒压路机

图 5-7　宝马格压路机

图 5-8　戴纳派克压路机

三、压路机在国内发展历程

清末民初,我国已经有压道车在使用,如图 5-10 所示。

图 5-9 酒井压路机

图 5-10 清代末期压道车

19 世纪 20 年代,在沈阳使用的压路机,见图 5-11。

19 世纪 30 年代,在青岛使用的德国压路机,见图 5-12。

图 5-11 19 世纪 20 年代,在沈阳使用的压路机

图 5-12 19 世纪 30 年代,在青岛使用的德国压路机

我国原先只能对一些压路机进行修配工作,1940 年才在大连仿制出了我国第一台以蒸汽机为动力的自行式压路机,直到 1952 年上海厦门路机械厂(洛阳建筑机械厂前身)试制成 6/8t 两轮内燃压路机和 1953 年天津第五机器厂(天津工程机械厂前身)试制成 10t 三轮蒸汽压路机,我国才开始有了自己的压实机械制造业。

图 5-13 为 1950 年 7 月,在天安门城楼前施工作业的压路机。

图 5-14 为洛建压路机在北京长安街的施工场景。

图 5-15 是我国于 1954 年研制出的第一台三轮压路机。

图 5-16 是我国于 1958 年研制成功的第一台 2Y8X10 两轮压路机。

压实机械的发展经历了比较漫长的过程。最初的样机仿制催生了整个压实机械行业,实现了从无到有的跨越;随后,在此基础上进行的一些探索性研究,尽管未取得可观的成果,但其意义是十分积极和巨大的,它为我国压实机械的发展奠定了初步的理论和实践基础。

图 5-13　正在施工的压路机

图 5-14　洛建压路机

图 5-15　我国第一台三轮压路机

图 5-16　我国第一台 2Y8X10 两轮压路机

进入 20 世纪 80 年代,压实机械行业的有识之士们敢于正视我国压实机械与国际先进水平之间存在巨大差距这一现实,积极推进了“技术引进—消化吸收—创新发展”的过程,使得我国压实机械实现了又一次质的飞跃。到目前,基本实现了“装备中国需要中国装备,中国装备能够装备中国”的目标。主要有以下引进产品。

1984 年 5 月,徐州工程机械厂与瑞典戴纳派克(DYNAPAC)公司签订贸易技术引进合同,引进 CA 和 CC 两个系列振动压路机产品,产品规格为 CA25S/10t(单驱动)、CA25D/10t、CA25PD/10t(双驱动)、CC21/7t、CC21/10t 型全液压串联式振动压路机。在此基础上,该厂自行研制了 YZC12/12t 级全液压串联式振动压路机和 YZC4/4t 级全液压串联式振动压路机,经过国产化以后均已达到批量生产能力。

洛阳建筑机械厂于 1986 年以许可贸易方式引进德国宝马格(BOMAG)公司的 BW141、BW151、BW120、BW213、BW217 五个规格 11 个型号的双钢轮振动压路机。

山东公路机械厂于 1986 年以许可贸易方式,引进日本川崎(KAWASHAKI)公司 K12 Ⅱ型振动压路机制造技术,派生出 YZ10F、YZ16A、YZ19、YZ20A、YZC12 等不同规格的振动压路机。

湖南江麓—浩利工程机械有限公司于 1987 年以许可证贸易方式引进德国凯斯—伟博麦士(CASE - VIBROMAX)公司 W1102 系列 4 种规格 7 个型号的振动压路机。

成都工程机械总厂于 1994 年以许可证贸易方式,引进西班牙 LEBRERO 公司 UTA90 型/9.5t、155TT/15.8t 振动压路机制造技术。

至此,国外主要著名压路机厂家的16t级以下振动压路机制造技术基本都引入国内,提高了整个压路机行业的设计制造水平,同时也缩短了与国外先进技术的差距。

图5-17为陕西中大机械厂生产的压路机,重达32t。

2009年3月起,长安街迎来大修,全长约为26.78km。

徐工轮胎压路机(图5-18)参与了长安街路面大修施工,并以其良好的施工性能受到施工方的赞扬。

图5-17　陕西中大压路机

图5-18　徐工压路机

国内已经形成了以徐工科技、一拖工程、厦工三明、江阴柳工为代表的60多家压路机生产产制造企业,国内年产销量已经突破万台,约占世界总产销量的1/8,已经成为世界压路机的产销大国。

面对日渐看好的中国市场,世界上著名的压路机制造商纷纷在我国设立了销售办事机构。目前,德国BOMAG、瑞典DYNAPAC、美国Ingersoll－Rand、德国悍马、日本酒井等世界著名的压路机制造企业均已完成了对我国市场的布局,这不仅提高了我国压路机的整体设计和制造水平,同时也引起了国内市场的激烈竞争,国外企业以良好的产品质量和多样化的品种使得其在我国高端产品的市场份额逐年增加。没有在我国办厂的外国著名厂家也纷纷在我国积极发展代理商和办事处,并且已取得了一定的销售业绩。国内竞争已经演变为一场真正的"世界大战"。国内压路机行业原有的平衡格局正在解体,国内市场版图的再划分已经全面展开。

国内企业的高技术、高附加值产品的销售业绩不容乐观,多数企业年销售量徘徊在几十台到上百台之间。国内压路机制造业的整体赢利状况不容乐观。但同时我们也欣喜地看到,以徐工科技、一拖工程、厦工三明、江阴柳工为代表的行业领导者已基本形成,规模效益已经凸显,产品结构和整体赢利能力正在朝着健康的方向发展。

第二节　我国常见压路机品牌及企业文化

1. 徐工 XCMG 徐工集团

(1)单钢轮振动压路机。徐工集团生产的全液压单钢轮振动压路机主要有XS160A、XS190A、XS220A等型号。图5-19为徐工单钢轮压路机。

(2)双钢轮振动压路机。徐工科技生产的全液压双钢轮振动压路机主要有XD120、

XD130 等机型,图 5-20 为徐工双钢轮振动压路机。

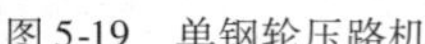
图 5-19　单钢轮压路机

图 5-20　双钢轮振动压路机

(3)轮胎压路机。徐工科技生产的轮胎压路机主要有 YL16C、YL20C、XP261、XP301 四种型号,YL 系列为机械式传动、XP 系列为全液压传动。图 5-21 为徐工轮胎式压路机。

2. 洛建

一拖(洛阳)建工机械有限公司是中国一拖集团股份有限公司下属的独立法人子公司,是以生产中小型(0.25～12t)压路机为主的专业生产厂。连续多年来,市场占有率行业第一。产品出口亚、非、欧、美等地。

洛建是我国第一台压路机的诞生地,也是我国压实机械的发祥地,1904 年始建于上海,为支援内地建设,1954 年迁到洛阳,是当时唯一的压路机专业制造厂。20 世纪 80 年代与中国第一拖拉机制造厂优化组合,成为中国一拖工程集团成员之一。1985 年,洛建为了扩大生产规模、增加产量,抽调一批管理人员、工程技术人员、生产工人,组建了一拖(洛阳建工机械有限公司),具有独立法人资格。

(1)单钢轮振动压路机。洛建生产的全液压单钢轮振动压路机主要有 YZ16B、YZ18、YZ20 等,图 5-22 为洛建单钢轮压路机。

图 5-21　徐工轮胎式压路机

图 5-22　洛建单钢轮压路机

(2)双钢轮振动压路机。洛建生产的全液压双钢轮振动压路机主要有 YZC8、LDD210H、YZC12、LDD212H 等,图 5-23 为洛建双钢轮压路机。

(3)轮胎压路机。洛建主要生产的轮胎压路机有 LRS1016、YL16G、YL25 等,其中 LRS1016 为机械传动,YL16G、YL25 为液压传动。图 5-24 为洛建轮胎式压路机。

图 5-23　洛建双钢轮压路机

图 5-24　洛建轮胎式压路机

3. 厦工三重　厦工三重

厦工(三明)重型机器有限公司,始建于 1958 年,是福建省高新技术企业、百强重点骨干企业,具有四十多年的研究、开发、生产路面压实机械的经验和能力,是国内最大的压实机械生产厂家之一。

公司秉承"重信誉、重人才、重创新"的三重宗旨,内抓管理、外拓市场。随着我国交通事业的蓬勃发展,厦工三重压路机畅销国内外,深受广大新老用户的好评和青睐。为了满足各施工层次的需要,近年来公司工程机械产品已发展覆盖到:全液压双驱动振动式压路机系列、机械驱动振动式系列、双钢轮串联式振动压路机系列、路面养护机械系列、冲击式压路机系列、平地机系列、推土机系列、环保系列。锲而不舍、创造卓越,是企业永恒的目标。图 5-25 为厦工 XG6207M 型单钢轮压路机。

图 5-26 为厦工 XG6131D 型振动压路机。

图 5-25　厦工 XG6207M 型单钢轮压路机

图 5-26　厦工 XG6131D 型振动压路机

图 5-27 为厦工轮胎式压路机。

4. 三一重工　SANY

图 5-28 ~ 图 5-30 分别为三一单钢轮压路机、双钢轮压路机和轮胎式压路机。

5. 柳工　LIUGONG 柳工

图 5-31 ~ 图 5-33 分别为柳工单钢轮、双钢轮和轮胎式压路机。

6. 山推　SHANTUI

图 5-34 ~ 图 5-36 分别为山推单钢轮、双钢轮和轮胎式压路机。

图 5-27　厦工轮胎式压路机

图 5-28　三一单钢轮压路机

图 5-29　三一双钢轮振动压路机

图 5-30　三一轮胎式压路机

图 5-31　单钢轮压路机

图 5-32　双钢轮压路机

图 5-33　轮胎式压路机

图 5-34　单钢轮压路机

图 5-35　双钢轮压路机

图 5-36　轮胎式压路机

7. 戴纳派克 DYNAPAC 戴纳派克

图 5-37 ~ 图 5-39 分别为戴纳派克单钢轮、双钢轮和轮胎式压路机。

图 5-37　单钢轮压路机

图 5-38　双钢轮压路机

8. 宝马格 BOMAG FAYAT GROUP

图 5-39　轮胎式压路机

宝马格(BOMAG)于 1957 年在莱茵河畔的德国博帕德市成立了博帕德机器制造公司,是世界领先的压路机制造商,提供用于土壤、沥青和垃圾卫生填埋的压实设备以及稳定土路拌机和沥青路面现场冷再生机。2001 年,SPX 收购了宝马格公司。2005 年,法亚集团收购宝马格公司。法亚集团是法国私营和国有建筑领域中最大的独立集团,其业务活动包括 6 大部分:公民建、钢结构、电机、电子和 IT 设备、筑路设备、物料搬运设备和压力容器的制造。

宝马格发展历程。

1957 年,在莱茵河畔的德国博帕德市成立了博帕德机器制造公司。推出了世界上第一台双驱双钢轮振动压路机 BW 60,变革了传统的压实技术。

1962 年,在推出了第一台手扶式宝马格压路机 5 年后,工作质量 7t 的自行式双钢轮振动压路机 BW 200 型问世,主要用于大型工程项目。

1970 年，位于美国威斯康星州密尔沃基市的 KOEHRING 公司收购了宝马格公司，此举为宝马格公司产品进军美国市场打开了大门。同年，在俄亥俄州的斯普林菲尔德水牛城（Buffalo Springfield）成立了宝马格（美国）公司。

1972—1974 年，将产品种类扩大至轻型双钢轮压路机、自行式单钢轮压路机、振动平板夯和冲击夯。

1976 年，工厂扩建，投资兴建了一个新的产品研发中心。

1988 年，开发出全液动驱动的 28t 垃圾压实机 BC 601 RB。该机器的推出为垃圾压实创立了新的标准。

1996 年，在世界上首次开发出能自动优化压路机压实能量输出的 VARIOMATIC 系统。

1997 年，宝马格公司成立 40 周年，厂房扩建，并新建了一个粉末涂喷车间。

1998—1999 年，经过数年的实地使用后，在 VARIOMATIC 系统基础之上，开发出了专用于单钢轮压实机的 VARIOCONTROL 系统。

同年，新的产品演示场地和联络中心落成，并将车间面积扩大了 9000m^2，建造了新的轻型设备组装车间、仓库和电气件组装车间。

2000 年，在 VARIOMATIC 的基础厂开发出了 VARIOMATIC 2 系统，可装备在带剖分轮的双钢轮压路机上。工厂扩建，增加了新的发货中心和访客接待中心。

2001 年，开发出“沥青压实专家”——ASPHALT MANAGER 系统，是世界上唯一能实现压路机在沥青路面压实过程中压实能量输出优化和对压实质量进行检测的系统。同年，SPX 收购了宝马格公司。

2002 年，在位于上海南部的奉贤成立了宝马格（中国）机械工程有限公司。新落成的工厂开始启用。

2003 年，新的大型构件喷漆设备和粉末涂喷设备投产。

2005 年，法亚集团收购宝马格公司。

2006 年，宝马格公司接管法亚集团下属子公司玛连尼的整个沥青路面设备业务，包括沥青摊铺机和冷铣刨机。

2007 年，宝马格公司以再次连续创下最佳经营业绩来庆祝公司成立 50 周年：公司约 2000 名员工创下了超过 6 亿欧元的最佳营业额记录。

图 5-40 ~ 图 5-42 分别为宝马格单钢轮、双钢轮和轮胎式压路机。

图 5-40　单钢轮压路机

图 5-41　双钢轮压路机

图 5-42 轮胎式压路机

9. 沃尔沃 **VOLVO**

图 5-43、图 5-44 分别为沃尔沃单钢轮、双钢轮压路机。

图 5-43 单钢轮压路机

图 5-44 双钢轮压路机

10. 酒井重工 **SAKAI**

酒井重工业株式会社经营汽车维修、生产相关零部件。酒井重工株式会社作为道路建设装备制造商中的领先者,提供众多的高质量产品,产品范围从性能卓越的压路机(包括橡胶轮胎式和碎石压路机),到各种其他的碾压设备。这些设备已经广泛应用于各国的土地开发项目。主要产品包括:

压实机械压路机:轮胎式压路机、振动式压路机、联合式压路机、压实机、手扶振动压实机、振动平板压实机,以及打夯机。

路面维修设备:路面平路机、压路机、沥青摊铺机、排水性路面铺装机能恢复车。

酒井重工发展历程。

1918 年,酒井于当年 5 月在创立。

1927 年,开始生产机车。

1929 年,随着土建工程规模的扩大,开始生产压路机。由于市场需求量增大,追加了投资资本,使业务量剧增。

1935 年,出口泰国压路机,并由此开始了海外业务。

1943 年,被指定为军事管制工厂,根据政府需要生产。

1945 年 5 月，总部以及大部分关键工厂被炸毁。

1946 年 9 月，工厂开始重建。

1949 年 5 月，改革运营模式，组建成为酒井工厂有限公司，投入资本 200 万日元。

1961 年，在公司历史上首次采用技术许可协议，授予印度 Garlic 公司生产振动式压路机的技术许可，由瑞士安曼（Ammann）获得生产沥青滚平机的（304F）的技术许可。

1964 年 1 月，在埼玉（Saitama）建设 Kurihash 工厂，该工厂主要用于重型设备的维修。

1965 年 4 月，随业务量的增长，在埼玉（Saitama）县川越（kawagoe）市建设东京工厂，安装最先进的设备和机床。获得美国 Thermal 的技术许可，生产融雪机。

1967 年 3 月，公司更名为酒井重工业株式会社。

1968 年，3 轮液压驱动压路机投放市场，所有压辊等直径、液压操作系统压力相等。

1970 年，由 O&K 公司获得轮胎式装载机（L4 及其他型号）以及翻斗车（D4 及其他型号）的生产许可证。由罗斯·汉森（Rosenhansen）公司获得振动式双钢轮压路机（VVW3400）的生产许可证。

1972 年 1 月，与汤浅（Yuasa）贸易公司共同组建联合租赁有限公司，从事建筑设备的租赁、销售。

1972 年 11 月，设立酒井工程公司（于 1980 年更名为酒井起重机公司，再之后于 1995 年 5 月更名为 SAKI KIKO）和 DEVELOPER 酒井公司（1985 年与酒井起重机合并）。

1973 年 3 月，与 IDC U. S. A. 公司、三菱公司合资组建日本 IDC 有限公司，制造和销售垃圾处理系统。

1974 年，向市场投放大型联合振动式压路机，该机型在随后的 1975 年获得了工业设计大奖。

1975 年，向市场投放液压驱动装载机（FL50），用于装载平路机磨碎的材料。

1976 年 4 月，在美国特拉华州设立酒井美洲有限公司，从事建筑设备的进出口和销售业务。

1977 年，向市场投放用于重晶石生产用的大型振动压路机。

1979 年，完成了对引入了双钢轮振动式压路机（SW70）后生产各种类型压路机的整个生产线的调试。平台式振动压实机（PC7）投入市场。

1981 年 4 月，在东京证券交易所第一部上市。

1982 年，振动式压实机（VT6）和小管径插入机（SB1）投入市场。

1983 年，向市场投入预热器（PH300）和重铺拌和机（RM1000），用于现场沥青铺设循环利用。

1984 年，在 Saitama kurihashi－machi 的技术实验室举行落成典礼。

1986 年，旋转式压路机（N3）投入市场。

1988 年 4 月，设立 COMODO 有限公司。

1989 年 4 月，设立酒井工程有限公司。

1990 年，由于垂直振动压实机的卓越表现，获得建筑工程设施私人发展奖。

1993 年 2 月，履带式平路机（ER750CF）投入市场，用于高速公路的维护工作，快速、耐用。

1995 年 1 月，设立印度尼西亚雅加达 P. T. 酒井公司，制造和销售小型建筑设备及零部件。

1996 年 1 月，获得国际标准组织颁发的 ISO9001 质量认证证书。

1996 年 2 月，在技术实验室建设具有土层压实测试井的建筑测试大厦。

2003 年 4 月，在上海嘉定区嘉定工业区设立酒井工程机械（上海）有限公司，制造和销售建设设备零部件。

2004 年，成功开发出世界上第一台振动轮胎压路机（GW750）。

2005 年，沥青混合料黏着防止剂（Naparan EcoW）取得 Ecomark（环保标志）。

2006 年，成功开发出世界上第一台碎石压路机（MW700）。

图 5-45、图 5-46 分别为酒井重工单钢轮、双钢轮压路机。

图 5-45 单钢轮压路机

图 5-46 双钢轮压路机

第六章　混凝土机械

学习目标

1. 能讲述混凝土机械的发展史；
2. 熟悉国内外著名混凝土机械企业的企业文化。

第一节　混凝土搅拌机(站)

一、混凝土搅拌站主要作用

混凝土搅拌站是用来集中搅拌混凝土的联合装置,又称混凝土预制场。由于它的机械化、自动化程度较高,所以生产率也很高,并能保证混凝土的质量和节省水泥,常用于混凝土工程量大、工期长、工地集中的大中型水利、电力、桥梁等工程。随着市政建设的发展,采用集中搅拌、提供商品混凝土的搅拌站具有很大的优越性,因而得到迅速发展,并为推广混凝土泵送施工,实现搅拌、输送、浇筑机械联合作业创造条件。

二、混凝土搅拌站发展

自从世界上开发了水泥这种建筑材料,混凝土搅拌设备就随之诞生和发展。早期的混凝土设备也是采用单机搅拌形式,真正进入集中搅拌要从商品混凝土应用才开始起步。国外最早使用商品混凝土的是德国,1903 年在德国的施塔贝尔建立起世界上第一个商品混凝土搅拌站。十年之后,也就是 1913 年美国建成了第一个商品混凝土搅拌站。建站初期,都是用机动翻斗车或自卸载货汽车运送混凝土,质量很难满足用户要求,因此发展速度极其缓慢。从 20 世纪初到 50 年代末,商品混凝土并不普及,美国到 1925 年才建 25 个搅拌站,法国在 1933 年才开始建成第一个商品混凝土搅拌站,日本到 1949 年 11 月才在东京建成第一个商品混凝土搅拌站。

20 世纪 60 ~ 70 年代,商品混凝土得到高速发展。在这一阶段,由于液压技术的应用和第二次世界大战后的大规模经济建设,世界各国经济发展都较快,因此促进了商品混凝土的迅猛发展。到1973年，美国的混凝土搅拌站达到1万个，商品混凝土年产量达$1.773\times10^8m^3$。日本商品混凝土搅拌站在1973年达3533个，商品混凝土年产量为$1.4954\times10^8m^3$。

20世纪80~90年代，商品混凝土趋于饱和。据统计，1986年美国商品混凝土搅拌站仍为1万个，而商品混凝土年产量为$1.4\times10^8m^3$，比1973年下降了21%。日本至今搅拌站数量在5000个左右。

在技术上混凝土搅拌设备有了很大发展，单机搅拌已基本淘汰，仅在一些维修工程中才有使用。商品混凝土已全面推广，商品混凝土所占比例一般为60%~70%，多的已达90%以上。搅拌设备的发展动态大致有如下几点：

搅拌站和搅拌楼同时存在，其生产率和技术性能都无甚差异。但从工地转移拆迁方便性来看，拆迁式和移动式混凝土搅拌站发展较快。

搅拌主机形式分自落式和强制式。自落式的搅拌容量可以做得很大，适应大集料搅拌。美国的移动式搅拌站数量多，主机采用自落式的多。

强制式混凝土搅拌机又有立轴和卧轴之分，强制式搅拌机搅拌的混凝土质量好，适合搅拌低坍落度和干硬性混凝土。西欧国家用强制式的比较多。

单卧轴和双卧轴式搅拌机在搅拌性能和能耗以及易损件寿命等无大差别，但双卧轴的容量可以做得更大，最大已经一罐可搅$9m^3$混凝土。

立轴强制式搅拌机有涡桨式和行星式两种，过去涡桨式的生产品种、规格、数量都比较多。近年来立轴行星式发展比较快，生产厂家也增多。这种搅拌机搅拌运动强烈，混凝土搅拌质量好，适合搅拌常规混凝土和特种混凝土，用这种搅拌机做主机组装成的搅拌站受到用户青睐，应用面在不断扩大。

对开式搅拌机是比利时SGMSJ公司的专利产品，在欧洲应用多一些。该搅拌机属自落式，但搅拌叶片布置特殊，能拌低坍落度的混凝土。卸料时，拌筒从中部分开，卸料迅速干净。对开式搅拌机所需配套功率是双卧轴的50%，而衬板寿命是双卧轴的两倍，搅拌周期与强制式差不多。该机种在搅拌站中应用还不多。

为了提高混凝土质量，各国对混凝土配料精度都作出了严格的规定。由于应变式传感器的制造水平提高，其精度、可靠性大为提高，因此目前称量装置大量采用电子秤（三吊点或四吊点）和机械电子秤（单个传感器）。由于电子技术的发展和计算机的普及，搅拌站的控制系统有了飞跃式的进步。首先是配比设定，混凝土原材料种类可达15种之多，扩大后的记忆配比数可达1000种。记忆的配比资料可根据需要调出，以进行修改或删除。在称量方面，能进行粗称、精称、落差自动补偿、自动除皮重等功能。在坍落度控制方面，配合砂含水率测试传感器能进行减水加砂。在物料存储方面，能显示料仓料位。在整机生产过程中，能实现手动、半自动或全自动控制，在计算机屏幕上能显示整机各部分的工艺流程和当时状态。当运行过程中出现故障，计算机可根据设定程序，显示声、光报警和自动停机，并可显示故障部位。在管理功能方面，能统计材料消耗、混凝土生产量、混凝土配比号、混凝土配比设定值和实际称量值等并输出打印，可供用户验收或查询。多站联网，可实现用户分配、车辆调度等。总之，实现计算机管理之后，其控制功能和管理功能都大大提高。

三、混凝土搅拌站在国内的发展历程

混凝土搅拌机是建筑工程中使用最广泛、用量最大的施工设备之一。我国是世界上水泥产量最大的国家，占世界水泥总产量的50%以上，这就决定了我国混凝土搅拌机在世界工程建设中的地位。就预拌混凝土的用量比例来看，在我国省会城市已达到70%以上，地级市一般也为30%～50%，特别是北京、上海等城市，预拌混凝土已达90%以上，也是世界上预拌混凝土用量最大的城市，最高时达5500万m^3/年。某些沿海省份如江苏、广东等，商品混凝土搅拌站多达400～500家。在产品设备方面，我国产品也有可圈可点之处，有世界上最大主机为6m^3的商品混凝土搅拌站，有将C100混凝土泵送到436m高、创世界纪录的高压大容量混凝土泵，有世界上臂架最长的72m泵车和6节折叠臂的RZ型泵车。在世界建筑工程机械50强中，我国有5家混凝土搅拌机生产企业。

我国的混凝土搅拌机产生，在新中国成立前是一片空白。即使在新中国成立初期，也只是仿制了一些国外20世纪30年代就使用的自落式鼓筒形搅拌机。1951年，上海市建筑机械厂生产了JG250型混凝土搅拌机（图6-1），这是我国早期混凝土搅拌施工现场的主力军。1962年，该厂根据市场需要设计制造了以柴油机为动力的JGR250型搅拌机，功率为14.7kW，机重5吨多，这两种产品主要以华东建筑机械厂和韶关挖掘机厂为代表进行生产。同年，国内企业为了满足小工地的需求，自行设计了JG150型搅拌机（图6-2），其出料容量为0.15m^3，主电机功率为5.5kW，它的牵引装置是二轮拖杆式，这两种产品尽管比较落后，但从新中国成立后到1986年的35年中为国家建设立下了汗马功劳。1972年，当时的建设部长沙建设机械研究所与湖南建材厂合作设计了JZM350新型反转出料式搅拌机（图6-3），1975年又与天津搅拌机厂、湖南建材机械厂、北京建筑机械厂、福建省建机厂对JZM350进行统型设计，并于1978年进行部级鉴定。1980年，又与吉林工程机械厂设计了我国第一台JS500双卧轴混凝土搅拌机（图6-4）并进行了部级鉴定。

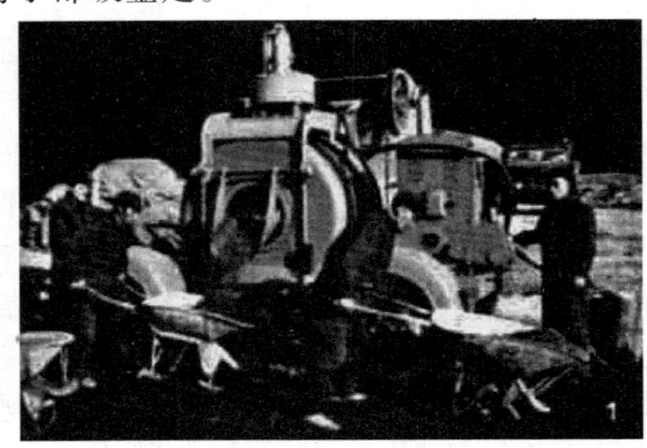

图6-1 JG250型混凝土搅拌机

图6-2 JG150型搅拌机

1978年以后，我国以经济建设为中心的方针大大促进了国内工程建设的发展，需要大量的混凝土搅拌机，国外的混凝土机厂商借机大举挺进我国市场，我国也大量购进混凝土搅拌机。据统计，从1980—1990年，通过引进产品、技术合作、外商投资、合资建厂等合作形式，先后有来自德国、日本、意大利、韩国、美国、法国、西班牙等12个国家和地区的65家外资企业进入我国。其中，德国有13家、日本有8家、意大利有14家、韩国有12家。它们在我国市场获得巨大回报的同时，也使得我国的预拌混凝土机械市场成为国外品牌的天下，迅速发展我国混凝土搅拌机已成为当务之急。

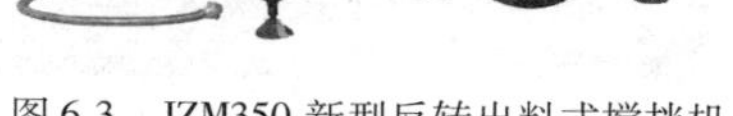
图 6-3 JZM350 新型反转出料式搅拌机

图 6-4 JS500 双卧轴混凝土搅拌机

根据当时国内对混凝土机械需求的考虑，原建设部机械局于 1984—1986 年作出了部署和规划。首先将全国量大面广的混凝土搅拌机进行升级换代，并由长沙建机所和中国建筑科学研究院机械化分院牵头，组织了上海建筑机械厂、扬州机械厂、山东省建筑机械厂、浙江省建筑机械厂、广州市建筑机械厂、韶关挖掘机厂、福建省建筑机械厂、吉林市工程机械厂、云南省建筑机械厂、四川省建筑工程机械厂共同攻关、研发、选型、鉴定、推广。使得锥型反转出料式、单双卧轴式等 3 个系列、12 个型号的产品在全国广泛推广应用，并获得两个建设部科技进步二等奖。当时年产量达 12 万 ~ 13 万台，仅搅拌机一项全国每年节约钢材 20 万吨以上，能耗节约 35%。

由于 20 世纪 80 年代中期国内大规模经济建设的需要，混凝土搅拌站的需求量急剧上升，大量进口国外产品给政府、企业和科技人员带来了空前的压力。1986 年，建设部机械局组团，由长沙建机所、辽宁阜新矿山机械厂组成的考察组，用 1 个月的时间，先后到德国的 Sttert 公司、日本的石川岛和日工株式会社进行现场考察。除到工厂外，还分别就德国各地和日本不同气候条件下的使用情况进行论证，最后选择了以日本的产品作为引进消化的对象，这种形式为我国混凝土搅拌站的发展提供了极好的支持。1992 年，为了引入德国的产品，中国建设机械总公司和韶关挖掘机厂引进了德国 EIBA 公司的单卧轴主机的搅拌站，混凝土搅拌站技术的引进也促使研发条件好的科研院所和企业陆续研制了不同类型、不同型号的混凝土搅拌站，并开始在国内推广应用。

1988 年 9 月，混凝土搅拌与输送机械协会组织了全行业厂长及总工会议，主要议题是动员全行业共同努力，把“一站三车”搞上去，大力推广商品混凝土机械的发展和应用。由于国内对混凝土搅拌站从 20 世纪 70 年代初就开始研制，加上 80 年代的技术引进，发展“一站三车”基本条件已经具备。所谓“一站三车”指的是混凝土搅拌站（图 6-5）、混凝土运输车（图 6-6）、混凝土泵车（图 6-7）和散装水泥输送车（图 6-8）。

1973 年，长沙建机院与上海华建厂合作，研制了以锥形反转出料式混凝土搅拌机为主机的 HZZ15 型混凝土搅拌站；1979 年，长沙建机院与中国建筑科学研究院机械化分院、东北设计院、同济大学和上海华建厂研制成功了 HL50 以立轴式 JW1000 为主机的搅拌楼；1985 年，中建二局洛阳建筑工程机械厂仿日本丸友产品，研制了整体移动式 $25m^3/h$ 的搅拌站。与此同时，为了满足葛洲坝水电工程的需要，郑州水工机械厂生产了 4 × 3000L 锥形倾翻式为主机的水工混凝土搅拌楼。

图 6-5 混凝土搅拌站

图 6-6 混凝土运输车

图 6-7 混凝土泵车

图 6-8 散装水泥输送车

图 6-9 为上海华建 HZS180 型搅拌站。

1986—1992 年,长沙建机院分别与郑州水工机械厂、山东省建机厂、上海华建厂、韶关挖掘机厂等合作研制了以双卧轴为主机的悬臂拉铲式搅拌站后,国产搅拌站开始初露锋芒,在建筑混凝土的施工中得到推广应用。1992 年,建筑业对混凝土的要求更为严格,施工现场对 $0.35\mathrm{m}^3$ 和 $0.50\mathrm{m}^3$ 的混凝土搅拌机提出了砂石料需要计量的要求,这给配料站的发展带来了生机。当时的陕西省建筑工程机械厂、山东省建筑机械厂成了这种产品开发和生产的领头企业,而这种以配料站计量、用皮带机将物料送入搅拌主机的二阶式模式(从 $25 \sim 240\mathrm{m}^3/\mathrm{h}$)成为当今混凝土搅拌站的主流。

从 2000 年开始,国产混凝土搅拌站的计算机控制系统有了极大的发展,如搅拌站的企业管理信息系统和远程设备故障在线诊断系统等均达到了国际先进水平,而 20 世纪 90 年代中期,德国 BHS 公司和意大利仕高玛搅拌主机对国内市场的促进,使国产主机有了极大的市场基础。特别是国家《散装水泥发展"十五"规划》和 2004 年建设部等六部委下达的"十五"期间在全国 145 个地级市推广商品混凝土的文件,使得国内商品混凝土搅拌机得到空前的发展,并取得举世瞩目的成绩。2008 年,全年的混凝土搅拌站总产量达 3500 台,加上小型现场搅拌用的设备,总产量达 5000 台套左右。其中,用在商品混凝土和高铁施工现场的 $2\mathrm{m}^3$ 主机成为主打产品。$3\mathrm{m}^3$、$4\mathrm{m}^3$ 的需求量也在增多,$5\mathrm{m}^3$、$6\mathrm{m}^3$ 为主机的环保型搅拌站也出现在国内的商品混凝土市场,成为我国独特的风景。通过近多年的努力，我国水泥散装率已达45.8%，2008年生产商品混凝土6.3亿m^3，正规的商品混凝土搅拌站生产企业达3000多家，加上高铁和国家重点工程现场预拌混凝土，混凝土搅拌站的保有量在12000台以上，成为世界上混凝土搅拌站应用最多的国家。山东方圆集团、福建南方路面机械有限公司、河南振恒建筑工程设备有限公司、三一重工、中联重科等成为搅拌站(楼)生产的主力军，一般年产在200套以上，最多的达400～500套。至此，我国的混凝土搅拌设备基本上实现了系列化、大型化和现代化。

图6-10为三一重工混凝土搅拌站。

图6-9　上海华建HZS180型搅拌站

图6-10　三一重工搅拌站

四、国内常见混凝土搅拌站品牌及企业文化

1. 三一重工　SANY

图6-11为三一重工制造的混凝土搅拌站。

2. 中联重科　ZOOMLION

图6-12为中联重科混凝土搅拌站。

图6-11　混凝土搅拌站

图6-12　中联重科搅拌站

3. 南方路机　NFLC 南方路机

图6-13为南方路机搅拌站。

福建南方路面机械有限公司，是一家历史悠久、长期专注于工程搅拌机械设备领域，集水泥混凝土、沥青混凝土、干粉砂浆搅拌机械设备于一体的研发、制造型国际化专业公司。

南方路机发展历程。

图 6-13　南方路机搅拌站

1991 年,福建南方路面机械有限公司成立。

1992 年,我国第 1 台移动式稳定土搅拌设备出厂。

1994 年,我国第 1 台移动式混凝土搅拌设备出厂。

1998 年,我国第 1 台 $180m^3/h$ 混凝土搅拌站出厂。

1999 年,NFLG 首台沥青混凝土搅拌设备出厂。

2000 年,通过 ISO9001 质量管理体系认证。

2000 年,NFLG 首台模块式混凝土搅拌设备出厂。

2000 年,NFLG 首台模块式稳定土厂拌设备出厂。

2001 年,聘请欧洲顶尖沥青搅拌设备设计专家为公司进行设计。

2001 年,与长安大学工程机械学院签订技术合作合同,成立搅拌设备研究中心。

2002 年,建立南方路面机械(仙桃)有限公司,扩展生产能力。

2002 年,与意大利西门公司建立战略伙伴关系。

2003 年,首台 LB4000 型沥青搅拌设备出厂。

2003 年,首台双螺带式混凝土搅拌主机出厂。

2003 年,首台沥青厂拌热再生设备出厂。

2003 年,首台沥青厂拌热再生设备研发成功。

2003 年,我国首台环保式商品混凝土搅拌设备出厂。

2004 年,首台干粉砂浆搅拌设备出厂。

2005 年,南方路机售后服务万里行活动项目正式启动。

2005 年,首台行星式混凝土搅拌主机研发成功。

2005 年,首台干混砂浆全自动生产线出厂。

2005 年,首台 LB2000 沥青搅拌设备出口意大利。

2006 年,南方路机浔美工业园投入使用。

2006 年,南方路机技术总监沙·乔治先生获国家“友谊”奖。

2006 年,首套沥青水泥砂浆搅拌车顺利出厂。

2006 年,国家人事部批准南方路机设立博士后科研工作站。

2006 年,首台 JS6000C 混凝土搅拌主机投入市场。

4. 方圆 方圆集团 FANGYUAN GROUP

图 6-14 为方圆集团制造的混凝土搅拌站。

图 6-14　方圆搅拌站

山东方圆集团坐落于胶东半岛,地处青

岛、烟台、威海三大开放城市之间,下辖建设机械有限公司、起重机械有限公司、交通机械有限公司、建材机械有限公司等 26 个法人子公司,在北京、沈阳、上海投资建立了三个全资生产企业。拥有省级技术中心,构筑起以建设工程机械、葡萄酒业和粮油加工三大产业为主导,酒店服务、交通运输为辅助,多业并举的总体框架,占地面积 180 万 m^2,建筑面积 90 万 m^2,拥有员工 3600 人。

方圆发展历程。

1970 年,五七农具修配厂成立。

1982 年,海阳轻工机械厂成立。

1987 年,与长沙建筑机械研究所建立长期技术协助关系。

1993 年,山东方圆集团有限公司成立。

1996 年,通过 ISO9001、9002 质量认证。

1998 年,方圆大厦落成。

1999 年,北京方圆富兰克公司落成。

2002 年,通过 ISO9001:2000 版质量体系认证和 ISO4001 环境体系认证。

2003 年,完成企业改制。

2006 年,集团被中国质量协会授予"全国用户满意企业"称号。

2007 年,通过质量、环境和职业健康安全管理体系认证。

5. 信达机械

图 6-15 为信达机械制造的混凝土搅拌站。

图 6-15 信达机械制造的混凝土搅拌站

福建信达机械有限公司是集筑路机械开发、设计、生产、销售及服务为一体的高新技术企业。公司位于泉州梅山后州开发区,占地面积 3.5 万 m^2,生产厂房面积 2.2 万 m^2,海外部设于厦门,2015 年有员工近 300 人,其中中高级的专业工程技术人员及管理人员 60 多人。

公司先后与国内筑路机械知名企业保持着合作关系,从而积累了丰富的筑路机械生产经验,近年来积极与长安大学、山东交通学院、福州大学等高校建立了长期的科研合作伙伴关系,同时与福州大学自动化研究所联合成立了智能化控制系统研发中心;同时引进德国先进技术,在国内同行产品的基础上深入挖掘、充分分析了现场及用户的使用情况,不断改进设计并形成了卓越的具有独特风格的水泥混凝土搅拌站、稳定土厂拌设备和沥青混凝土搅拌设备三大系列三十余种路面搅拌设备。2006 年,公司积极引进德国先进技术,用以开发干混砂浆搅拌设备,为提升公司的市场竞争力提供了强大的动力。公司建立了完善的质量保证体系，对原材料进厂、产品设计、生产工艺、整机进行严格的检验，并已通过了ISO9001:2000质量管理体系认证；2007年初公司被评为福建省高新技术企业；随着公司产品遍布国内并出口东欧、东南亚，公司在全国各地已建立了完善的售后服务网络，随时为客户提供高效有力的技术咨询和服务。同时，公司建立了内部信息化管理网络系统，进一步提高了工作效率及管理水平，以保证用户放心使用并发挥最大的价值。

图6-16　上海华建制造的混凝土搅拌站

6. 上海华建 上海华建 SHANGHAI HUAJIAN

图6-16为上海华建制造的混凝土搅拌站。

上海华东建筑机械厂有限公司始创于1946年，是上海建工集团股份有限公司下属全资子公司，是我国混凝土搅拌和运输机械有影响力的主要骨干企业，拥有自营进出口权。中国工程机械制造商50强企业。

上海华建是我国第一台混凝土搅拌机，第一座混凝土搅拌站，第一代、第二代、第三代混凝土搅拌运输车的诞生地。

生产的混凝土搅拌机械产品主要有：混凝土搅拌运输车、混凝土搅拌站（楼）、混凝土泵（车）、混凝土搅拌机、干混砂浆搅拌设备5大主导产品系列。

华建产品遍布全国各地，远销安哥拉、尼日利亚、阿尔及利亚、哈萨克斯坦、坦桑尼亚、阿联酋、巴基斯坦、菲律宾、越南、沙特阿拉伯等30多个国家，并以专业的技术、优质的服务受到国内外用户好评。

华建产品在国家重点工程，如上海东方明珠电视塔、杨浦大桥、上海磁悬浮列车、浦东机场、金茂大厦、上海中心、北京东方广场、黄河小浪底工程、国内高速铁路等重大项目中发挥了重要作用。

上海华建以国际先进的设计理念、创新技术，将高新技术转化应用在适合用户的混凝土机械上，先后顺利通过ISO9001质量管理体系认证和国家质量认证中心的CCC认证。

上海华建发展历程。

1946年7月，包福记钢铁建筑厂成立。

1953年1月，更名为公私合营华东钢铁建筑厂有限公司。

1956年4月，更名为公私合营华东钢铁建筑厂。

1958年12月，企业分调一半人力与设备，赴广西建立柳州建筑机械厂（现柳工集团的前身）。

1962年7月，与地方国营上海市建筑机械制造厂合并，厂名改为公私合营华东钢铁建筑厂。

1966年10月，更名为华东建筑机械厂。

1992年起华建牌混凝土搅拌运输车连续八次（十九年）被中国质协用户委员会推荐荣获“全国用户满意产品”。

1996年起华建牌混凝土搅拌站连续荣获“上海市用户满意产品”称号。

2004年4月，更名为上海华东建筑机械厂有限公司。

2006 年,华建牌 $8m^3/9m^3$ 混凝土搅拌运输车入选“中国工程机械年度产 TOP50”。

2007 年,自主研发、全国首创的用于装卸运输干粉砂浆筒仓装置获得国家知识产权局颁发的“实用新型专利证书”。

2008 年,研制生产铁路公路两用混凝土搅拌运输车选“中国工程机械年度产品 TOP50”。

2009 年,上海华建被中华全国总工会授予“全国五一劳动奖牌”,同时授予“全国工人先锋号”荣誉称号。

2010 年,自主开发的混凝土车用搅拌筒获得国家专利。

2010 年,上海华建搅拌楼(站)获得欧盟 CE 认证。为华建产品进入欧洲市场提供了有利的条件。

7. 徐工

图 6-17 为徐工集团制造的混凝土搅拌站。

8. 山推建友

图 6-18 为山推建友制造的混凝土搅拌站。

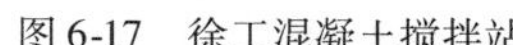
图 6-17　徐工混凝土搅拌站

图 6-18　山推建友混凝土搅拌站

山推建友机械股份有限公司创建于 1956 年,1994 年进行股份制改造,2012 年成为山推股份控股子公司,是国内最早生产混凝土搅拌与输送机械的大型骨干企业,在市场和客户中享有良好的知名度、美誉度和信誉度。公司注册资本 2.34 亿元人民币,职工 1002 人,占地 288 亩,建筑面积 $71000m^2$。多年的技术创新使企业积累了丰富的设计经验和技术开发资源,形成了快速响应市场,拥有及时为客户量身定做产品、提供套餐式服务的能力。公司产品广泛应用于机场、桥梁、码头、公路、高速铁路等基础设施建设和商品混凝土行业,先后为三峡大坝、首都机场、京沪高铁、青藏铁路等国家重点工程提供设备和服务,产品出口至 55 个国家和地区。公司连续 23 年保持山东省文明单位,并被表彰为山东省劳动关系和谐企业、山东省优秀职工思想政治工作研究会、济南市优秀企业、济南市思想政治工作暨企业文化建设先进单位。

公司 1982 年研制成功我国第一台双卧轴混凝土搅拌机,1992 年完成了我国第一台 HZS50 混凝土搅拌站,并获原建设部技术进步一等奖。公司参加国家“八五”及“九五”攻关项目,其中 HZS75 及 HLS120 混凝土搅拌设备均获原建设部技术进步二等奖。

山推(济南)研究院为省级技术中心、山东省工程技术研究中心。公司有 11 大类 31 个系列 100 余种产品,主导产品为混凝土搅拌站(楼)、干混砂浆设备、沥青搅拌设备、固体垃圾处理设备、路面机械和混凝土搅拌运输车。先后承担并完成了国家重大科技攻关项目2个、国家级新产品开发项目4个、国家火炬计划项目1个、省部级科研项目10余项。拥有有效专利70余项，并在国内率先推出了环保型混凝土搅拌设备、节能型混凝土搅拌设备、船载式混凝土搅拌设备等一大批高附加值、高技术含量、符合国家产业政策的新产品。

公司致力于构建先进和谐的企业文化，秉承“价值引领、共赢未来”的经营理念，建设友道，修业进德，培育开放进取、正直守信、敢于担当的铁军队伍，使建设者工作轻松、更安全，让建友人生活幸福、有尊严。

图6-19　海诺混凝土搅拌站

9. 辽宁海诺

图6-19为辽宁海诺制造的混凝土搅拌站。

辽宁海诺建设机械集团有限公司坐落于辽宁省鞍山市国家高新技术产业开发区海诺工业园内。公司现有员工1500余人，其中具有大专以上学历的企业管理和技术人员占总人数30%以上。公司注册资本5000万元，年产值近10亿元。辽宁海诺集团主要从事混凝土搅拌运输车、混凝土泵车、混凝土搅拌站、混凝土泵、散装水泥车、混凝土搅拌机、混凝土配料机等十大系列百余个品种建设机械产品的设计制造，是国内为数不多的集研发、制造车、泵、站成套混凝土机械设备的专业厂家之一。经过引进、消化和吸收国际领先的技术和工艺，产品性能和质量一直居于国内同行业前列，产品的国产化率平均可达80%以上。产品广泛应用于公路、铁路、桥梁、隧道、水利、航空航天基础建设及城市工民建筑等领域。公司在全国设立了十多个销售办事处，架构了覆盖全国的营销和服务网络，产品行销全国，并远销海外。公司先后通过了ISO9001、ISO14001、OHSAS18000三大国际管理体系认证及CCC国家强制性产品认证，2001年被国家工商总局首批评为国家级重合同守信用单位，2004年被认定为辽宁省高新技术企业，并多次被国家质协评为用户满意产品和服务满意单位，是信用AAA级企业。先后被省、市评为名牌产品和著名商标。2005年6月被国家工商总局认定为中国驰名商标。

辽宁海诺发展历程。

1985年，与建设部建筑机械综合研究所合作，开始研制生产JZC200型、JZC350混凝土搅拌机，企业迈进建筑机械制造业，海城建筑机械厂成立。

1986年，研制生产JDY350型搅拌机。

1987年，研制生产JSY500型、JZC750型搅拌机。

1988年，研制生产JS500型、JS750型搅拌机。

1989年，研制生产JS1000型搅拌机、PL800型配料机。

1990年，研制生产JSY750型、JS1500型搅拌机、PL1200型配料机。

1991年，国内率先引进日本五十铃汽车专用底盘，研制生产6m^3混凝土搅拌运输车。

1992年，研制生产HZS30型、HZS60型搅拌站。

1993年，研制生产7m^3五十铃底盘搅拌车。

1994年，引进德国制造技术，研制生产HBT50E、HBT60E型混凝土泵。

1995 年，HBT70D、HBT90D 型混凝土泵。

1996 年，成立辽宁海城建设机械集团有限公司；引进德国制造技术，研制生产 26m 和 32m 混凝土泵车。

1997 年，企业通过 ISO9002 质量体系认证；产品出口外销非洲国家；研制生产 XSJ50 型洗石机，JS2000 型搅拌主机、PL1600 和 PL2400 型配料机。

1998 年，HZS90 型搅拌站、8m³ 五十铃底盘搅拌车和 37m 泵车；企业更名为辽宁海诺建设机械集团有限公司。

1999 年，研制生产 HZS120 型搅拌站、43m 奔驰底盘泵车。

2000 年，立项开发 10m³ 五十铃底盘搅拌车、53m 泵车和 HZS160 搅拌站；研制生产 5m³ 和 7m³ 解放底盘搅拌车，国家外经贸部授予自营进出口权；集团总部落户鞍山国家高新技术产业开发区海诺工业园。

2001 年，设计开发 8m³、9m³ 解放底盘搅拌车。

2002 年，开发 9m³、12m³ 五十铃底盘搅拌车、4m³ 搅拌站、47m 泵车。

2003 年，研制生产 HZS200 型混凝土搅拌站，8m³ 日野底盘混凝土搅拌运输车，企业获国家工商总局首批公布的重合同守信用单位，通过国家 CCC 认证。被省民政厅评为管理进步先进单位；4 月份被评为 AAA 级单位。

2004 年，研制生产 HBTS60EⅡ、70DⅡ、80EⅡ、90DⅡ型双泵双回路混凝土泵；东风底盘和解放底盘散装水泥运输车；42m 沃尔沃底盘泵车；7m³、8m³、9m³ 斯太尔底盘混凝土搅拌运输车。

2005 年，"海诺"商标被国家工商总局认定为中国驰名商标；自主研制开发 37m 泵车。

2006 年，自主研制开发 42m 泵车。

2007 年，自主研制开发 48m 泵车；2007 年 2 月，高性能混凝土施工设备产业化项目获辽宁省科技成果转化三等奖；自主研发 1.5m³、2m³ 搅拌机，达到国内先进水平；2007 年 12 月公司通过 OHSAS18000 职业健康安全管理体系认证，至此，公司已全部通过了 ISO9001 质量管理体系、14000 环境管理体系、OHSAS18000 职业健康安全管理体系三大国际标准体系认证。

2008 年，改进自制主机和螺旋的性能。2008 年 9 月 8 日，被评定为省级企业技术中心。

2009 年，自主研发 49m 臂架式混凝土泵车及三桥 42m 臂架式混凝土泵车；研制开发海诺牌 3m³、4m³ 搅拌主机和螺旋输送机，性能指标达到国内领先水平。2009 年 11 月被认定为国家高新技术企业。2009 年 12 月 23 日，混凝土搅拌站被省中小企业厅认定为辽宁省中小企业质量名优产品。

2010 年，成功研制开发了背罐车、粉粒物料运输车、干混砂浆搅拌站等系列产品，企业进入干粉砂浆搅拌机械制造领域；海诺工业园三期工程胜利竣工，公司突破产能瓶颈。

10. 利勃海尔　**LIEBHERR**

图 6-20 为利勃海尔混凝土搅拌站。

图 6-20　利勃海尔混凝土搅拌站

第二节　混凝土泵车

一、混凝土泵车作用及分类

1. 混凝土泵车作用

混凝土泵车是装备混凝土输送泵和输料管道，并利用这些装置对混凝土进行泵送和浇注的专用汽车，也称为混凝土输送泵车。

2. 混凝土泵车分类

(1)按其臂架高度可分为：短臂架(13～28m)、长臂架(31～47m)、超长臂架(51～62m)。

(2)按其理论输送量可分为：小型(44～87m^3/h)、中型(90～130m^3/h)、大型(150～204m^3/h)。

(3)按工作时混凝土泵出口的混凝土压力即泵送混凝土压力可分为：低压(2.5～5.0MPa)、中压(6.1～8.5MPa)、高压(10.0～18.0MPa)和超高压(22.0MPa)。

(4)按臂架节数可分为：2、3、4、5节臂。

(5)按其驱动方式可分为：汽车发动机驱动、拖挂车发动机驱动和单独发动机驱动。

(6)按臂架折叠方式可分为：Z形折叠、卷折式。

二、混凝土泵车发展史

从1965年德国的斯维茵(Schwing)混凝土泵车进入市场以后，德国的混凝土泵车技术一直处于世界领先地位。德国的普茨迈斯特(Putzmeister)、斯维茵、意大利的CIFA、赛马(Sermac)等生产厂家综合实力强、臂架系列完整，品种已达15种以上，臂架的最大高度都已达58m以上。

由于臂架尺寸规格参数是混凝土泵车最重要的参数，所以针对全球混凝土泵车臂架的尺寸规格，可以将混凝土泵车发展分为三个阶段。

第一阶段从1965—1986年，由斯维茵17m臂架混凝土泵车进入市场，到普茨迈斯特62m臂架混凝土泵车试制成功。这个阶段的主要特点是以斯维茵和普茨迈斯特为代表的德国技术保持着绝对的垄断地位。臂架尺寸规格覆盖了17～62m的范围，按照尺寸规格划分形成了16个品种系列，混凝土泵送高度和水平距离满足了施工要求。

图6-21为斯维茵S58SX型混凝土泵车。

图6-22为普茨迈斯特M52型混凝土泵车。

图6-21　斯维茵S58SX型混凝土泵车

图6-22　普茨迈斯特M52型混凝土泵车

第二阶段为1986—2007年，到2007年初的三一重工66m臂架混凝土泵车（图6-23）下线结束。这个阶段的主要特点是三一重工超越德国普茨迈斯特，动摇并打破了德国技术的绝对垄断地位。臂架尺寸规格覆盖了20～66m范围，形成了36个品种以上的混凝土泵车臂架尺寸规格系列型谱。虽然臂架尺寸规格覆盖范围扩展不大，但在臂架的品种数量方面却增加了一倍多。这些品种的增加主要表现在臂架尺寸规格分布密度更好地满足了施工要求，促使混凝土泵车臂架尺寸规格系列的型谱趋于完善。

图6-23　三一66m泵车

第三阶段从2007—2012年，2008年底三一重工自主研制臂架为72m的混凝土泵车下线是这阶段的亮点。这个阶段的主要特点是三一重工和德国普茨迈斯特争夺混凝土泵车臂架尺寸规格和综合技术制高点。在2007年1月三一重工臂架为66m的混凝土泵车下线争得世界混凝土泵车制高点之后，德国普茨迈斯特不甘落后，于2008年6月发布了创造世界纪录的M70-5型混凝土泵车（图6-24），臂架伸展高度达到70m。三一重工奋起直追，自主研制的世界最长臂架为72m的混凝土泵车（图6-25）于2008年12月31日成功下线，再次夺得混凝土泵车的世界之最。这标志着混凝土泵车臂架进入新高度，也标志着我国在混凝土泵车臂架综合设计和制造方面的技术水平已经占据世界领先地位。这一阶段的臂架尺寸规格覆盖了20～72m范围，形成了38个品种以上的混凝土泵车臂架尺寸规格型谱。

图6-24　普茨迈斯特的M70-5型混凝土泵车

图6-25　三一重工72m混凝土泵车

2011年，三一重工自主研制的86m泵车成功下线，再一次刷新世界纪录。短短两年，实现从72m到86m的跨越。当时，三一重工86m泵车又实现了三项世界之最——臂架最长、臂架节数最多、泵送排量最大。短短几年的时间，三一实现了泵车臂架高度世界纪录的“三级跳”。

2012年1月31日，三一重工在龙年春节后宣布收购全球混凝土泵第一品牌——德国普茨迈斯特。

2012年11月，三一86m泵车在上海施工，成为可用于现场施工的全球最长臂架泵车,86m 泵车至今仍保持着 82m 泵车水平泵送距离以及 240m^3/h 泵送排量的世界纪录。

2013 年,三一融合普茨迈斯特 55 年的科技成果和核心技术,首创世界第一款移动砂浆成套设备 A8 砂浆大师,给建筑砂浆施工行业带来了一次前所未有的“工业革命”。

三、混凝土泵车在国内的发展历程

1977 年,我国在研发和掌握混凝土拖泵技术的基础上,长沙建机所、廊坊机械化所和沈阳工程机械厂共同开发研制出 23m 臂架式混凝土泵车,这是我国自行设计研制的第一台混凝土泵车,然而仅是制造出样车,并未形成量产。

1982 年,湖北建设机械厂从日本石川岛引进臂架生产技术,开始生产泵车,成为国内第一家混凝土泵车生产厂。以技术贸易结合方式合作生产出 17m 混凝土泵车,并于 1983 年开始小批量生产,从此结束了我国不能批量生产混凝土泵车的历史。

随着建筑业的发展,泵车生产厂家逐渐增多,但臂架部分开始大都是进口,如中联重科、辽宁海诺从意大利引进臂架,安徽星马从日本极东引进臂架,徐州工程机械厂从普茨迈斯特引进臂架等,现在逐步改为自制为主和进口为辅生产配套模式。1999 年,三一重工开始自行研制 37m 长臂架混凝土泵车,成为国内最早自行研制长臂架混凝土泵车的企业。我国混凝土泵车生产制造企业有十余家,生产能力主要集中在三一重工、中联重科、安徽星马、徐工科技、辽宁海诺、上海普茨迈斯特等几个企业,其中三一重工约占国内市场的 50% 以上。

泵车的核心技术之一是臂架。尽管国内企业早在 20 世纪 70 年代就已开始研制泵车,但直至 20 世纪 90 年代仍未完全掌握,这无疑使得我国工程机械制造处于尴尬的境地。当时,国产泵车的特点是臂架、底盘等关键结构件均依赖进口;布料杆垂直高度有 27m、32m 与 37m,臂架长度较短;排量多集中在 50m^3/h、85m^3/h、100m^3/h 和 115m^3/h;底盘桥数为 2 桥和 3 桥两种,多选用日本五十铃、奔驰等进口品牌;尚可满足基本泵送要求,人性化和创新性水平较低。三一于 1998 年成功研制我国第一台具有自主知识产权的 37m 泵车,比当时国外最长臂架还高出 1m。

进入 2000 年,三一泵车经过多年积累,在设计技术、制造能力和工业造型等方面均取得了长足进步,创新技术层出不穷,迅速达到国际先进水平。三一于 2001 年推出 42m 泵车,一举填补了我国没有 40m 以上臂架泵车的空白。此后,三一几乎每隔两三年就将臂架长度提升到一个新高度:2003 年,三一将臂架长度延伸至 56m;2006 年,66m 泵车在三一问世,臂架长度一举超过国外企业产品;2008 年,三一 72m 泵车成功下线,臂架长度创造当时吉尼斯世界纪录;2011 年,三一自主研制的 86m 泵车再次刷新最长臂架泵车的世界纪录。

2012 年 2 月,中联重科再度推出一系列新一代复合技术,拉开混凝土机械新品全球巡展大幕。其中,中联—CIFA 泵车借助复合臂架技术、变频减振技术、碳纤维轻量臂架技术、高效大排量技术、自动高低压切换技术、自适应电功率技术、复合双层管技术、K－TRONIC 智能支撑技术与智能防堵管技术九大技术,将稳定放在首位,辅以高效、经济与智能三大特性。中联—CIFA 新一代泵车臂架改用橙色外观,仍采用碳纤维材料。碳纤维属各向异性材料,密度为 1.7g/cm^3,只有钢材的 20%,但纤维方向强度可达 3500MPa,性能优异的更达 5300MPa 以上,超过钢材强度三倍。轻量化设计不仅能实现臂架“无疲劳”，延长使用寿命，更能使泵车臂架自重减少40%，降低油耗15%以上。外置连杆、通轴连接的方式缩小了臂与臂的连接间隙，能使臂架晃动幅度降低30%。通过变频技术及第二代臂架柔性控制技术，臂架振动幅度可控制在0.2m。而经过角度和长度全新优化后的六节臂技术，可将第六节臂的转角幅度从90°扩大至120°，有效减小布料盲区。

为解决泵车在狭窄作业空间内支腿难以伸开的难题，中联与CIFA还联合开发出智能支撑系统，保证支腿即使处于收缩状态，泵车也能安全工作。支腿收缩回来以后，泵车可以根据支腿的跨距值确定安全的布料范围，改变布料位置。

图6-26为中联重科混凝土泵车。

图6-26　中联重科混凝土泵车

作为我国混凝土机械早期的开拓者之一，徐工早在20世纪80年代就引进普茨迈斯特、利勃海尔技术，开始了混凝土泵车的生产，有了一定的技术积累。如今，在板块整合、优势资源积聚释放的背景下，徐工将混凝土机械作为企业跨越式发展的重要增长点，向混凝土机械板块集中发力。

2010年元月，徐工机械建设机械分公司正式独立运营，2011年11月，徐工再次对集团旗下产业资源进行整合，专门组建混凝土机械事业部，并投资22亿元新建徐州泵送机械和搅拌机械两大制造基地，以提升混凝土机械成套设备的供给能力。

未来，徐工将全力提升“车、泵、站”一体化成套装备的核心竞争力，同时发力关键零部件板块，通过海外并购进一步巩固行业前三甲的地位，为集团实现跨越式发展注入全新动力。

图6-27为徐工混凝土泵车。

图6-27　徐工混凝土泵车

进军混凝土机械是山推战略调整的一项重大举措,武汉产业园的落成则是山推发力混凝土机械的重要步骤之一。依托产业园的研发和制造条件,山推致力于研发第2代混凝土机械产品,并于2012年底推出了56m泵车,完善了产品系列,同时进一步推广日工技术,依靠专业化和高性价比的产品站稳市场。

山推首先收购了具有建筑机械生产资质的湖北楚天,随后挑中拥有世界领先泵车技术的日本日工株式会社,与之展开技术合作。

为彰显强大的制造实力,山推决定借技术含量较高的泵车打响头炮。目前,山推泵车已实现系列化研制,臂架长度覆盖20~50m区间,通过引进日工技术,可实现高混凝土强度等级的泵送作业;同时将根据用户需求,将日工优化设计的M阀和D阀与市场主流的S阀并用,以提高吸料性,提升作业效率。

如今,山推把混凝土机械视为企业的核心板块,战略高度、投资力度远超其他工程机械产品。旗下工程机械研究院将集中电气与液压系统方面的专家为山推混凝土机械的基础技术保驾护航,社会人才的不断注入能为产业发展注入能量。

图6-28为山推楚天混凝土泵车。

对于混凝土机械行业而言,厦工绝对是一个新成员。为完善企业产品链,厦工2010年初以追随者的身份进入该领域,凭借不甘人后的拼劲快速前进。2012年3月,厦工XXG5380THB型48 m泵车(图6-29)正式交付山东用户,为厦工发力混凝土机械打开市场。

图6-28　山推楚天混凝土泵车

图6-29　厦工XXG5380THB型泵车

厦工将高性能、高配置、高抗疲劳性作为旗下泵车走向市场的三大亮点,将高效、稳定、安全与节能作为厦工立足市场的四大法宝。在高效与稳定方面,厦工泵车采用韩国原装进口的泵送系统,大口径、长冲程料缸,吸料性能好,吸入效率高。经测试,实际吸料效率最高可达85%;采用X形支腿,支腿跨距为前8.7 m×后10.2 m,占地面积小,前支腿展开后不超过车头,可更加靠近施工部位,以有效增加实际泵送距离;采用进口零部件,臂架、转塔、支腿均采用瑞典进口合金钢,强度高、韧性好、抗疲劳性能优异;臂架液压缸与支腿液压缸均选用韩国进口产品。同时,得益于FFH自流动闭式液压系统的强大,厦工泵车臂架的抖动幅度能控制在0.3m之内,保证泵送作业更加稳定。

未来,厦工将依托企业的品牌影响力,积极吸纳高级人才,扩充研发团队,以实现自主研发,待时机成熟也会通过跨国合作等方式提升泵车技术。同时,为保证每台设备的高质量,厦工泵车仍将选用进口零部件。

四、国内常见混凝土泵车品牌及企业文化

1. 三一重工　SANY

图 6-30 为三一重工混凝土泵车。

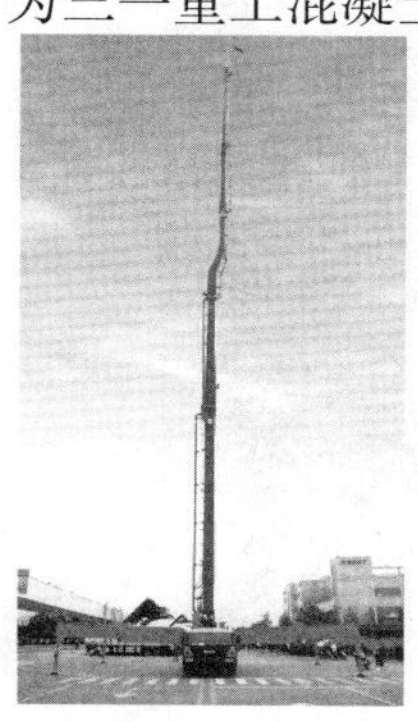

图 6-30　三一重工混凝土泵车

2. 中联重科　ZOOMLION

图 6-31 为中联重科生产的混凝土泵车。

3. 徐工　XCMG 徐工集团

图 6-32 为徐工集团生产的混凝土泵车。

4. 山推楚天　SHANTUI

图 6-33 为山推楚天生产的混凝土泵车。

图 6-31　中联重科混凝土泵车

图 6-32　徐工混凝土泵车

图6-33　山推楚天混凝土泵车

山推楚天工程机械有限公司为山东重工集团权属子公司山推工程机械股份有限公司控股子公司，是由山推工程机械股份有限公司、日本日工株式会社及武汉中南工程机械设备有限责任公司，于2010年4月通过增资并购方式变更设立的中外合资企业。

公司前身为湖北建设机械股份有限公司，是我国最早进行商品混凝土成套设备研发、制造、销售的企业，创立了6个中国第一：

(1)研制第一台国产17m臂架泵车。

(2)研制第一台国产闸板阀拖泵。

(3)研制第一台国产防爆式混凝土泵。

(4)研制第一台国产42m长臂架泵车。

(5)研制第一台国产车载式泵车。

(6)研发第一代国产耐磨S管高压泵。

公司坐落在武汉东湖高新技术开发区。是我国生产、销售混凝土机械系列产品的大型骨干企业，产品涵盖泵车、车载泵、拖泵、搅拌车、搅拌楼5大系列90多种规格。拥有国家级技术中心、国家3C产品认证证书、ISO9000质量体系认证证书等资质，是湖北省高新技术企业和湖北省唯一认定的混凝土机械工程技术研究中心。山推商标系我国驰名商标，山推品牌为我国“机电商会推荐出口品牌”。公司已建成占地630亩的山推武汉产业园，一期联合厂房、办公楼、成品库、整机涂装车间等12万m^2建筑已投入使用。

根据山东重工集团整体发展规划，集团将成为全球领先、拥有核心技术、可持续发展的装备制造集团。作为山东重工集团工程机械板块的新兴产业和第二大产业，山推楚天混凝土机械产品以高品质、高性能、高环保的理念引领中国混凝土机械设备的发展。

山推楚天发展历程。

1953年，湖北建筑机械厂楚天公司成立，直属于建设部。

1982年，楚天公司引进日本石川岛技术总装我国第一台臂架式泵车。

1987年，楚天公司成功试制第一台HBT60斜置式闸板阀拖泵。

1990年，楚天公司开发了我国第一代柴油动力拖泵。

1996年，楚天公司开发了我国第一代耐磨铸钢S管阀高压泵。

1998年，楚天公司研制我国第一台车载式泵车。

2000 年,楚天公司引进意大利技术,研制我国第一台 42m 长臂架式泵车。

2008 年 5 月,山推工程机械股份有限公司全资收购楚天公司,成立山推楚天工程机械有限公司。

2010 年 1 月,山推股份、武汉中南、日本日工签署三方合资协议,成立中外合资企业。

2010 年 9 月,公司与日本日工签订技术引进合同,引进先进混凝土搅拌楼制造技术,并成功研发第一代国产高环保型搅拌楼。

2011 年 4 月,山推武汉混凝土工业园落成暨首台产品下线庆典仪式。

2012 年 9 月,56m 臂架式泵车试制成功。

2012 年 10 月,HJC5121THB-18 Ⅰ 大排量车载泵试制成功。

2013 年 1 月,湖北省唯一混凝土机械工程技术研究中心在公司成立。

2014 年 3 月,SHLS 型高端搅拌楼荣获“2014 中国工程机械年度产品 TOP50”大奖

5. 厦工

图 6-34 为厦工制造的混凝土泵车。

图 6-34　厦工混凝土泵车

6. 鸿得利

图 6-35 为鸿得利公司生产的混凝土泵车。

图 6-35　鸿得利混凝土泵车

上海鸿得利重工股份有限公司创立于 1993 年,是柳工集团旗下成员,是一家专注于混凝土机械行业,集混凝土机械产品研发、生产和营销于一体的高新技术企业。

公司现有三大经营基地,分别是上海浦东总部、江苏启东、江苏扬州。主要功能分别为总部承担产品研发、新品试制、营销、展示体验等,江苏启东、江苏扬州为生产制造基地,

已形成在全国拥有60余家分公司和办事处、销售与服务网络遍及全球六十多个国家的发展格局。

公司在同行业中率先通过ISO9001:2008质量管理体系认证、CCC和CE认证,并全面实行零缺陷质量管理。公司将每年销售额的5%投入到科技创新和产品开发,孜孜不倦于混凝土机械新新技术的研究与应用。在生产运营方面,全面导入精益生产管理模式,通过先进的生产设备、检测设备与手段和严格的产品质量管理,提升产品的可靠性与稳定性。

公司生产具有自主知识产权的高科技产品,主要有:HBT拖泵、HBC车载泵、THB臂架泵、MP工业泵、HZS搅拌站、干粉砂浆搅拌设备、YZH混凝土搅拌输送车、机制砂生产设备和建筑垃圾处理回收设备等系列。公司产品均获得上海市高新技术成果转化项目证书,其中四个产品被认定为国家重点新产品,并获得多项发明专利证书。十几年来,公司产品畅销世界各地,广泛应用在重大工程建设中并赢得好评,深受广大用户欢迎。

鸿得利混凝土机械产品拥有三个全国率先:即率先在混凝土柴油泵上使用PLC控制技术、率先研制出我国的第一台车载泵并获发明专利、率先在臂架泵车上加装独立发动机技术,大幅降低产品的油耗。

鸿得利发展历程。

上海鸿得利机械制造有限公司成立于1999年1月22日,其前身是由上海浦东区唐镇农副公司在1990年以4万元投资创办的上海川沙鸿兴金属结构件厂。后经上海市浦东新区唐镇乡人民政府批准,由上海川沙鸿兴金属结构件厂申请开办并成立上海鸿得利实业公司。

1993年11月,上海鸿得利实业公司在上海市浦东新区工商行政管理局注册登记成立。

1995年,鸿得利第一台混凝土拖泵诞生。

1996年6月,经上海浦东新区工商行政管理局核准,上海鸿得利实业公司由集体企业变更为股份合作制企业。

1999年1月,上海鸿得利实业公司召开股东大会,会议决议将公司股份合作制改制为有限责任公司。同月,上海鸿得利实业公司正式兼并上海劲力电工机械厂。自此,上海鸿得利实业公司拥有两大产品线,实现了工程机械与电工机械齐头并举的发展格局。

1999年2月,经上海市浦东新区农村发展局批准,上海鸿得利实业公司改制为有限责任公司,并正式更名为上海鸿得利机械制造有限公司。

2000年,鸿得利新一代85C柴油泵问世。

2002年,鸿得利"城市猎豹"车载泵率先研发上市。

2003年,鸿得利自主研发的37m臂架式泵车成功上市。

2004年,为浙江围海工程研发设计的淤泥泵交付使用。

2005年,鸿得利自主研发的国内首台矿用泵出口澳大利亚。

2006年,鸿得利专为高速铁路工程设计、制造的制梁、布料双用泵车(22m臂架式)问世。

2007年,鸿得利自主研发的47m臂架式泵车成功上市。

2008 年，鸿得利创新设计制造的第三代拖泵、车载泵（国三标准）成功上市。

2008 年 6 月，经上海市工商行政管理局浦东新区分局核准，柳工集团上海鸿得利机械制造有限公司整体变更成立柳工集团上海鸿得利重工股份有限公司。

2010 年，柳工集团投资控股上海鸿得利重工股份有限公司。

7. 普茨迈斯特 Putzmeister

图 6-36 为普茨迈斯特制造的混凝土泵车。

图 6-36　普茨迈斯特混凝土泵车

成立于 1958 年的德国普茨迈斯特有限公司是一家拥有全球销售网络的集团公司。总部设在德国斯图加特附近。该集团公司已在世界上十多个国家设立了子公司。普茨迈斯特集团从事开发、生产和销售各类混凝土输送泵、工业泵及其辅助设备，这些设备主要用于搅拌和输送水泥、沙浆、脱水污泥、固体废物和替代燃料等黏稠性大的物质。公司产品包括：安装于拖车或载货汽车上的各种混凝土泵、拌浆机、用于隧道建设和煤矿工业的特种泵以及最新研制的机械手装置等。普茨迈斯特在我国建立起了世界销售网络的又一中心——普茨迈斯特机械（上海）有限公司，主要生产各类混凝土泵车和拖式泵。在一些国家重点工程（如黄河小浪底工程、二滩水电站工程）以及亚洲第一的上海东方明珠电视塔等工程中，普茨迈斯特均发挥了不可代替的巨大作用。

普茨迈斯特发展历程。

1961 年，第一个工厂在建立在斯图加特机场附近。

1963 年，取名普茨迈斯特——意为灰浆机大师。

1965 年，Gypsomat 机器的生产——世界第一台用于粉刷石膏连续作业的搅拌泵问世，标志着灰浆机技术的新一轮革命。

1966 年，气压式输送泵 Mixokret 被正式列入到普茨迈斯特产品系列中。

1968 年，普茨迈斯特开始生产 2m 冲程的水液压缸活塞混凝土泵。

1969 年，开始为客户制作了混凝土泵车宣传册。

1971 年，在艾希塔尔（Aichtal）的生产基地开工，为客户交付了第一千台混凝土泵车。最早系列的大象 C 形换向阀在全球取得了专利。

1972 年，销售了第 20000 台灰浆机，海外分公司建立计划成立。

1974 年，普茨迈斯特法国分公司在巴黎附近的伊皮奈（Epinay）成立，接下来在意大利、西班牙、英国和巴西纷纷建立了子公司。

1976 年,开发出了带臂架的混凝土搅拌车。

1977 年,在法兰克福电信塔建设中,混凝土泵送高度创下了 310m 的世界纪录。

1978 年,在瑞士的哥达隧道创下了垂直泵送 340m、水平泵送 600m 的世界纪录。

1980 年,建立了第四个产品事业部:隧道机械。

1982 年,世界上第一台大型臂架混凝土泵车 M52,输出功率每小时 150m^3,于 1982 年问世。同年收购了美国的汤姆森(Thomsen)公司,更名为“普茨迈斯特 - 美国”公司

1983 年,又一项新的创新成果——喷射混凝土,世界上最大的混凝土喷射机诞生。

1985 年,另一项混凝土泵送纪录:432m 的西班牙抽水蓄能电站。

1986 年,交付世界上最长的 62m 臂架泵车。

1987 年,交付了第 5000 台大象泵车。普茨迈斯特研发出配有密封装置的特殊防辐射泵车。这台泵车的问世呈现出机械零配件数字化的新概念。

1988 年,在欧洲隧道的建设中配置了电气系统的普茨迈斯特泵车担负着泵送、喷射和清理坍方的任务。

1989 年,普茨迈斯特 TTS 14000 高压混凝土泵在基姆(Chiemsee)湖环形下水道系统废水隧道建设中 1520m 的泵送距离为行业发展制定了一个新的标准。

1992 年,推出了可用于室内外建筑维护用途的混凝土搅拌输送泵车。

1993 年,成立了普茨迈斯特 Racine 公司,在美国的第二个分部。

1994 年,世界纪录的创造——在意大利加尔达湖(Riva del Garda),抽水蓄能电站垂直泵送高度 532m。

1995 年,在新的普茨迈斯特大楼里,灰浆机独立出来发展成为普茨迈斯特灰浆机事业部。

1996 年,全球第三个生产制造基地,普茨迈斯特上海在中国建立。

1997 年,普茨迈斯特成为一家股份公司,在法国的 2015 Le Refrain 创下的 2015m 水平泵送世界纪录。

1999 年,第 1000 台搅拌输送泵车交付。

2000 年,在德国图林根州的戈尔迪斯塔尔(Goldisthal)建立了设备物流运转中心仓库。不同型号的隧道喷射设备和皮带机投入生产。

生产出专门用于城市建筑项目带有隔音装置的混凝土固定泵。

2001 年,开发出了新的人性化布料杆控制系统 EBC,泵工只需要控制一个按扭就可以控制所有臂架的移动,新品 36m 的 Z 型布料杆出现在慕尼黑展会上。

2002 年,在美国市场推出了 58m 6 桥底盘的紧凑型大臂架泵车,进一步开发出集混凝土输送和干性混凝土喷射等功能于一体的 BSA1002 混凝土拖泵。

2005 年,普茨迈斯特总部重组为四个事业部、混凝土技术业务部、混凝土灰浆技术业务部、混凝土水处理技术业务部、混凝土工业技术业务部。

2007 年,普茨迈斯特在 2007 年宝马展上取得了德国建筑行业协会颁发的两项创新大奖。公司的创始人 Karl Schlecht 先生赢得了“建筑技术与管理创新大奖”。

2008 年 2 月起,普茨迈斯特集团改为普茨迈斯特混凝土泵控股公司。

2012 年 1 月,三一重工与世界混凝土巨头德国普茨迈斯特股份有限公司在德国共同

宣布，两家公司已达成正式协议，将在通过监管部门审核之后正式完成合并。

8. 德国施维英(SCHWING)

图 6-37 为德国施维英公司制造的混凝土泵车。

图 6-37　德国施维英混凝土泵车

施维英集团创建于 1934 年，是一家以生产混凝土机械设备为主的全球性集团公司，以四种产品为主要业务：混凝土搅拌站、混凝土搅拌车、混凝土泵和混凝土回收站。作为世界建筑机械舞台上重要的一员，施维英看到了中国市场巨大的潜力，投资 1050 万美元在中国建立了其独资的生产基地——上海施维英机械制造有限公司。

上海施维英机械制造有限公司于 1995 年 10 月正式投产，主要生产各种混凝土泵、混凝土泵车、混凝土搅拌车、混凝土搅拌楼。公司下设生产、市场营销、售后服务等部门。

9. 西法(CIFA)

图 6-38 为西法公司生产的混凝土泵车。

图 6-38　西法混凝土泵车

CIFA 是全球知名的混凝土机械装备制造商，经营混凝土机械相关业务的历史悠久，产品和品牌在行业内均有良好的声誉，是欧美前三大混凝土机械制造商之一，是欧美排名第二的混凝土输送泵、混凝土泵车制造商，同时是欧美排名第三的混凝土搅拌车制造商。主营业务为生产混凝土搅拌站、混凝土输送泵、混凝土搅拌运输车、混凝土布料机、稳定土拌和设备、混凝土喷射台车及混凝土施工模板等系列。

CIFA 公司成立于 1928 年，是一家意大利的工程机械制造商，总部设于意大利米兰附近的(塞纳哥)，成立之初主要从事用于钢筋混凝土的钢制模具等产品的制造和销售。

20 世纪 50 年代，CIFA 将其业务拓展到混凝土搅拌车、混凝土泵送设备、搅拌机及混凝土运输设备。CIFA 采用工厂生产模式，目前在意大利拥有 7 个生产基地。2007 年，CIFA 的总销售额达到 3.0 亿欧元，年同比增长 18%。2008 年，CIFA 公司被中联重科收购，经过几年的磨合，相继推出了 ZOOMLION－CIFA 复合技术泵车，国内市场占有率较高。

作为国际一流的混凝土机械制造商，CIFA 拥有知名的品牌、全球化的销售网络、领先的技术工艺、优异的产品质量、完善的售后服务。与行业竞争对手相比，CIFA 是唯一一家能够全面提供各类混凝土设备的提供商：包括混凝土泵类（包括混凝土输送泵、混凝土泵车、带泵的混凝土搅拌运输车）产品、混凝土搅拌运输车、混凝土搅拌站、混凝土喷射台车及混凝土布料机等产品。CIFA 的核心竞争优势在其产品的性价比较高，相对于普茨迈斯特公司（Petzmeister）和施维茵公司（Schwing），CIFA 产品具有明显的价格优势；相对于亚洲混凝土机械制造商，CIFA 产品具有较好的技术优势、更高的品牌知名度和客户美誉度。对于既追求质量，又讲究价格的客户来说，CIFA 是他们的首选品牌。

10. 全进重工 JUNJIN GROUP

图 6-39 为全进重工制造的混凝土泵车。

图 6-39　全进重工混凝土泵车

全进集团由全进重工业（株）和全进 CSM 组成，全进重工业（株）是韩国知名品牌的混凝土机械制造公司，其混凝土泵车产品在世界混凝土市场享有很高声誉。全进 CSM 是专门制造生产特装车辆的企业。

全进重工（天津）建筑机械有限公司是全进集团的全进重工业（株）于 2005 年 3 月在天津塘沽海洋高新开发区设立的一个分公司，目的是为了开拓全进泵车在我国的市场以及更好地满足已购买全进产品的国内客户在产品技术支持和配件供应等方面的要求。公司注册资金为 250 万美元，占地 5600 多平方米，建有行政办公楼和生产维修车间，已于 2006 年 4 月 27 正式竣工，标志着全进重工已经全面进入我国建筑机械行业。新工厂具有生产、销售和研发功能，现在新工厂已经正式投入使用。

全进重工业（株）借助天津滨海新区的发展，进一步扩大在国内的市场的影响力，又进行了二期工程的投资，预期投入 800 多万美元在新工厂附近购买 22000 多平方米的土地，预期在 2009 年进行开工建设。

全进重工业（株）自 1994 年以来，通过自主技术开发了从臂架高度从 25～63m 一系列混凝土泵车车型，在韩国泵车市场早已确立了销售第一的地位，并且全进泵车以其卓越的安全性能和技术水平已经得到世界各个地区的肯定和认可，现在全进产品生产量的百分七十用于出口。

全进重工业(株)一向重视技术开发和产品质量,1998 年设立全进技术研究所,2001 年获得了欧洲安全(CE)认证和韩国安全(S)认证，2005 年所有系列产品获得了中国的 CCC 认证。

全进重工发展历程。

1980 年，全进特殊精密机械公司设立(混凝土泵车制造、整修)。

1991 年，全进产业(株)设立。

1994 年,全进产业(株)研究开发第 1 号混凝土泵车。

1996 年,研究开发新型 32m 混凝土泵车。

1998 年,全进技术研究所成立。

2000 年,全进产业改名为全进重工业(株)。

2000 年 5 月,研究开发 X-型 36m、33m 混凝土泵车。

2001 年 2 月，获得 CE 欧洲安全商标。

2001 年 8 月,研究开发 JJ－M5517。

2004 年,研究开发 63m 混凝土泵车。

2005 年 3 月，注册成立全进重工(天津)建筑机械有限公司。

2005 年 5 月，全进所有系列产品获得中国 CCC 认证。

第七章 路面施工机械

学习目标

1. 能讲述路面施工机械的发展史；
2. 熟悉国内外著名路面施工机械企业的企业文化。

第一节 沥青混合料摊铺机

一、沥青混合料摊铺机的主要用途和分类

1. 沥青混合料摊铺机的主要用途

沥青混合料摊铺机主要用来摊铺各种沥青混合料、稳定土材料、铁路道砟等筑路材料的专用机械，它将拌和好的混合料按照一定的要求（截面形状和厚度）迅速而均匀地摊铺在已经整好的路面基层上，并给以初步捣实和整平，既可以大大增加铺筑路面的速度和节省成本，又可以提高路面的质量。

2. 沥青混合料摊铺机的分类

（1）按行走装置分有轮胎式和履带式两种。

轮胎式摊铺机。一般为全桥驱动，其前轮为实心光面轮胎，实心的目的是为了防止因料斗内混合料重量的变化引起前轮的变形，而影响到摊铺厚度的变化；后轮为充气或充气液二相轮胎，可提高其爬坡及附着能力。轮胎式摊铺机可获得较大的行驶速度，机动性好，在弯道上摊铺可实现较平化过渡。

履带式摊铺机。其履带式为无履刺式。履带式摊铺机可获得较大的牵引力，接地比压低，对路基不平度敏感性较差。但其行驶速度较低，在弯道处摊铺机会形成锯齿状。

（2）按动力传动系统分有液压式、机械式和液压机械式三种。

①液压式摊铺机的行走、供料、分料、熨平板和夯实板的振动、熨平板的延伸等均采用液压传动。目前，摊铺机向着全液压的方向发展，并广泛采用机电液一体化技术。

②机械式摊铺机的行走、供料、分料采用机械传动，结构复杂、操作不便。由于传动链

多，且中心距较大，故多采用链式传动，调速性和速度匹配性较差。

③液压机械式摊铺机的结构是机械式和液压式摊铺机的综合。因而，结构特点和使用性能介于二者之间。

(3)按摊铺宽度分有小型、中型、大型和超大型四种。

①小型摊铺机摊铺宽度一般小于3.6m，主要用于沥青混凝土路面的养护和低等级路面的摊铺。

②中型摊铺机摊铺宽度一般为4～5m，主要用于二级以下公路的修筑和养护作业。随着自动调平系统的应用，该机型也可用于一级公路的摊铺。

③大型摊铺机摊铺宽度为5～10m，主要用于高等级路面的摊铺，传动形式以液压机械式和全液压式为主。具有自动找平系统，摊铺质量高。

④超大型摊铺机摊铺宽度在10m以上，主要用于高速公路的施工，路面纵向接缝少，整体性好。

二、沥青混合料摊铺机的发展概况

20世纪30年代以前，各种类型沥青路面的铺设主要靠人工操作来完成。那时的热拌沥青混合料路面主要用于城市道路，施工需要大量的劳动力。路拌沥青混合料主要用于乡村道路，拌和与摊铺是用平地机来完成的。

到了20世纪30年代，热拌沥青混合料摊铺的机械化施工在国外取得了惊人的发展。当时世界上修筑了数十万英里的沥青路面，不但经济，而且经久耐用。沥青路面施工机械化的发展，促进了沥青混合料摊铺机的发展。

1931年，在圣路易斯道路展览会上首次展出了由巴伯-格林(Barber-Greene)公司研制发明的沥青混合料摊铺专用设备。该机用螺旋输送器摊分混合料，并用滑板在6.09m(20ft)宽度内予以刮平，机器行驶在按预定坡度铺设的轨道上。工作时摊铺机由一台路拌设备牵引前进。路拌设备将路面上的矿料送至拌和锅中与稀释沥青拌和，然后整个拌和料由摊铺机进行整平。

随后巴伯-格林公司对摊铺机进行了改进，将摊铺机装在履带上，机器两侧悬有大臂使之能按预定的坡度控制摊铺机厚度与平整度。这样就不再需要钢轨或侧模来导向，并使摊铺机成为一台独立的自行式机器。由螺旋输送器分布到滑板前的混合料随后被振动滑板所刮平。在摊铺使用稀释沥青的粗级配热拌混合料时，其工作性能是非常令人满意的。但是这种滑板的动作不适用于摊铺密级配热拌混合料，路面会产生裂纹及其他表面缺陷。

1932年，出现了采用浮动滑板来整平并压实混合料的试验样机。这种机型保持了在现场连拌带铺的特性。

1933年，巴伯-格林公司对摊铺机的研究又有了进一步的发展，生产出新型的摊铺机，其样机就是现代沥青混合料摊铺机。该样机新的结构特点有：3.04m(10ft)宽的独立的浮动熨平板，无输料装置的料斗和螺旋输料器。摊铺作业时载货汽车将料卸入料斗，螺旋接料后输料，摊铺机在已经整好的基层上行驶，通过滑行托板拖挂熨平板，对热拌沥青混合料整平。因此，1933年是摊铺机发展史上具有重大意义的一年。

巴伯－格林公司对摊铺机又进行了重大改进，制成了 BG-79 型摊铺机。该机设置了刮板输料器，能将混合料从料斗中输送到螺旋输料器。该机大臂的牵引点支撑在履带总成上。

1936 年，经改进的效能更强的 BG879 型摊铺机取代了 BG－79 型摊铺机。1940 年，摊铺机又有了更进一步的发展，巴伯－格林公司研制了 BG879－A 型摊铺机。由此时起，一直到 50 年代中期，这一机型是世界上标准的沥青混合料摊铺机机型。

在以后的几十年里，由于工业技术的发展，众多摊铺机制造公司不断发展壮大，形成了工作原理相同，且独具风格的各种摊铺机系列。被世人称誉的著名摊铺机制造公司有：ABG 公司、福格勒（VöGELE）公司、BLAW-KNOX 公司、戴纳派克（DYNAPAC）公司、玛连尼（MARINI）公司、BTELLT 公司等。

图 7-1 为 ABG 公司的 TITAN325 型沥青混凝土摊铺机。

图 7-2 为福格勒（VöGELE）公司的 SUPER2100-2 型沥青混凝土摊铺机。

图 7-1　TITAN325 型沥青混凝土摊铺机

图 7-2　SUPER2100-2 型沥青混凝土摊铺机

图 7-3 为 DYNAPAC 公司的 F6-4W 型沥青混凝土摊铺机。

20 世纪 90 年代以来，国外摊铺机制造公司强强组合兼并，如福格勒公司加入维特根公司、戴纳派克公司加入斯维达拉－德玛格公司、英格索兰－ABG－布鲁诺克斯公司加入沃尔沃公司。这些兼并公司，融合了市场领先品牌的优势，不断推出新一代的升级版摊铺机，形成了引领世界摊铺机技术的几大巨头。

图 7-4 为沃尔沃公司的 ABG8820B 型沥青混凝土摊铺机。

图 7-3　F6-4W 型沥青混凝土摊铺机

图 7-4　ABG8820B 型沥青混凝土摊铺机

三、我国摊铺机发展历程

我国摊铺机起步晚于国外近50年。但起点高、发展迅速。它是公路科技重大改革的产物,其技术水平是随着公路交通事业的不断发展而步步升级的。

20世纪70年代以前,我国沥青路面的摊铺是用人工摊铺的。70年代初期,我国公路沥青路面的结构形式,由过去单一的表面处治发展到贯入式、上拌下贯式、沥青碎石和沥青混凝土。尤其是沥青混凝土这一路面结构形式的出现,引发了路面材料摊铺方式的改革,过去人工摊铺的方法在平整度和生产率方面都达不到施工要求。于是,70年代中期,公路交通部门受到国外摊铺机的启发,开始制造小型沥青混凝土摊铺机。如当时的上海市政工程管理局机械修配厂、无锡市政机械修造厂和天津市政机械修造厂都生产过小型机械传动的摊铺机,但都用于本系统的公路建设。

1974年,交通部下达科研任务,由交通部公路科学研究所、交通部第一公路工程局和交通部西安筑路机械厂联合研制LT6型沥青混凝土摊铺机(图7-5)。1975年完成设计,1976年由西安筑路机械厂完成样机试制任务,1977年通过鉴定后开始批量生产。LT6型摊铺机是我国自行研制的第一台摊铺机,该机的主要结构性能特点是:轮胎式、机械传动、机械加宽熨平装置,最大摊铺宽度4.5m,振捣夯实、柴油加热、发动机功率48hp。1982年和1984年又先后两次对LT6型摊铺机进行改型,形成了LT6系列产品。改型后的LT6A型摊铺机能够加装自动调平装置,LT6B型摊铺机的熨平装置为液压伸缩式熨平装置。LT6系列的摊铺机连续生产了十几年,共生产了两千余台,成为我国沥青路面机械化摊铺的主要机械。

图7-5　LT6型沥青混凝土摊铺机

在这期间,我国交通建设事业不断发展,对摊铺机的技术性能要求也在不断升级,这突出表现在摊铺作业质量和摊铺宽度上。如对沥青路面平整度的要求,交通部1983年颁布的《公路沥青路面施工技术规范》(JTJ 032—83)中规定不大于5mm/3m直尺,1985年颁布的《公路工程质量检验评定标准》(JTJ 071—85)中规定高速公路不大于3mm/3m直尺,1986年颁布的国标《沥青路面施工及验收规范》(GBJ 92—86)中规定平整度标准差不大于2.5mm。因此,20世纪80年代末,我国各生产厂家相继从国外引进了不同层次的摊铺机生产技术,以适应公路交通建设发展的需要。

1988年,西安筑路机械厂从德国DYNAPAC－HOES公司引进了性能先进的1200R型摊铺机技术,首先生产了LTY8型摊铺机(图7-6)。该机主要性能特点是:轮胎式、全液压传动、液压伸缩式熨平装置、振捣＋振动夯实、机电液一体化,最大摊铺宽度7.25m,发动机功率82kW。1989年,镇江路面机械制造总厂引进日本新潟铁工所NF系列摊铺机技术,制造了2LTLZ45型沥青混凝土摊铺机。该机为轮胎式、机械传动、液压伸缩熨平板,最大摊铺宽度5m。1989年,徐州工程机械制造厂引进德国福格勒公司摊铺机技术,组装生产了 S1700 型沥青混凝土摊铺机(图 7-7)。该机为履带式、全液压传动、液压伸缩及机械加宽熨平装置、电加热液压脉冲振捣梁,最大摊铺宽度 8m。

图 7-6 LTY8 型沥青混凝土摊铺机

图 7-7 徐工的 S1700 型沥青混凝土摊铺机

在沥青路面施工方法上,20 世纪 80 年代我国先后出台的几个技术标准,都推荐采用全路幅摊铺。因而进入 90 年代以后,大宽度摊铺机的市场前景看好,各摊铺机生产厂纷纷推出 9 ~ 12m 宽的大型摊铺机。

1994 年,陕西建设机械厂引进德国 ABG 公司摊铺机技术,组装了 TITAN411 型沥青混凝土摊铺机。该机为履带式、全液压传动、双夯锤机械加宽熨平装置、机电液一体化,最大摊铺宽度 9 ~ 12m。1998 年,西安筑路机械厂自行研制了性能先进的 LT1200 型摊铺机(图 7-8)。其主要结构性能特点是:履带式、全液压传动、双夯锤机械加宽熨平装置、摊铺速度恒速控制、机电液一体化,最大摊铺宽度 12m,最大摊铺厚度 30cm,既能摊铺沥青混合料,又能摊铺稳定土,并较好地解决了稳定土摊铺的离析问题。

从 20 世纪 80 年代末到进入 21 世纪,路面基层摊铺方式由人工、推土机、平地机等摊铺方式逐渐发展到采用摊铺机摊铺。交通部 1993 年颁布的《公路路面基层施工技术规范》(JTJ 034—93)中规定,一级公路和高速公路的稳定土层都应用集中厂拌法拌制混合料,并用摊铺机摊铺基层混合料。这是我国继用摊铺机摊铺沥青混凝土之后,路面施工工艺的又一重大改革。这一改革又促进了摊铺机的发展。于是,摊铺机生产厂家将沥青混凝土摊铺机的部分结构和功能简化后,相继推出了各种型号的稳定土摊铺机,一时成为我国稳定土机械化摊铺的重要机械。这类稳定土摊铺机,有的是在技术性能等级偏低的机械传动的沥青混凝土摊铺机上改制的,结构简单、价格偏低;有的是在技术性能等级偏高的液压传动的沥青混凝土摊铺机上进行某些传动系统和功能的简化而制成的,结构较复杂、价格略高。这种最早出现的稳定土摊铺机是以摊铺稳定土为唯一作业对象的,但又不完全具备摊铺稳定土的特殊性能,在抗离析、大厚度、高效率、平整、密实等方面并不完全符合稳定土摊铺的性能要求。这类摊铺机有镇江华晨华通路面机械有限公司生产的 WLTL7000 型稳定土摊铺机(最大摊铺宽度 7m、最大摊铺厚度 32cm、发动机功率 86kW);徐州工程机械集团公司路面机械分公司生产的 WTU75 稳定土摊铺机(最大摊铺宽度 7.5m、最大摊铺厚度 30cm、发动机功率 90kW,图 7-9);鼎盛工程机械有限公司生产的 WTB7500 稳定土摊铺机(最大摊铺宽度 7.5m、最大摊铺厚度 35cm、发动机功率 135kW);西安筑路机械有限公司生产的 WT750 型稳定土摊铺机(最大摊铺宽度 7.5m、最大摊铺厚度 35cm、发动机功率 110kW）。

图 7-8　西安筑路机械厂自行研制的 LT1200 型摊铺机

图 7-9　徐工的 WTU75 稳定土摊铺机

由于施工技术规范中规定摊铺沥青混凝土和摊铺稳定土都采用摊铺机摊铺，摊铺机行业得到迅猛发展。在这广阔市场的催生下，新型独特的摊铺机在我国问世，称为多功能摊铺机。这些摊铺机生产厂开发的多功能摊铺机是在技术性能等级较高、液压传动的沥青混凝土摊铺机上进行某些传动系统的改进而制成的，既保留了摊铺沥青混凝土的功能，又能够摊铺稳定土，但结构较复杂、价格稍高。这些初期的多功能摊铺机仍不完全具备摊铺稳定土的特殊性能，主要的功能还是摊铺沥青混凝土。与此同时，一些实力雄厚的大型企业也纷纷加入摊铺机的生产行列，以高起点生产了多功能摊铺机。

1999 年，陕西建设机械（集团）有限责任公司生产了 TITAN325 摊铺机。该机最大摊铺宽度 9m，最大摊铺厚度 300mm，摊铺挡最大速度 16m/min，发动机功率 133kW。该机系多功能摊铺机，在行驶中可在摊铺速度和行驶速度之间进行转换，行走驱动系统具有完整的应急控制系统。螺旋布料器可以反转，由超声波传感器进行比例控制。熨平板设有导向和防扭曲机构。

2002 年，三一重工股份有限公司生产了 LTU90S 沥青摊铺机（图 7-10）。该机最大摊铺宽度 9m、最大摊铺厚度 300mm、摊铺挡最大速度 12m/min、发动机功率 157kW。该机设置液压伸缩熨平装置，功率储备大，配备智能化的电气系统，可实现行走、刮板、螺旋、振捣、振动各系统的全自动控制及功能预选，能对电气故障进行声光报警和故障部位识别，配有运行状态显示器，具有手动和自动两种控制方式，设计了应急专用的辅助控制系统，采用超声波自动调平控制器。

图 7-10　三一重工生产的 LTU90S 沥青摊铺机

2002 年，陕西中大机械集团有限责任公司研制了 DT1300 型多功能摊铺机。该机较好地解决了稳定土摊铺的离析问题及大厚度、大宽度摊铺的技术问题。其主要结构性能特点是：既能摊铺沥青混合料，又能摊铺稳定土；履带式、全液压传动，双夯锤机械加宽熨平装置，双刮板、双螺旋独立输料，摊铺速度恒速控制，机电液一体化，等振距控制，最大摊铺宽度 13m，最大摊铺厚度 40cm（摊铺 9m 宽）。

由于沥青混凝土和稳定土的摊铺质量标准(平整度和压实度)、摊铺速度、摊铺厚度、生产率、功率、阻力矩、物料温度、物料摩擦件润滑状况等差异甚大,所以真正意义上的多功能摊铺机,应该是既有摊铺沥青混凝土的优越特性,又有摊铺稳定土的特殊性能。也就是说,多功能摊铺机作业范围广、抗离析能力强、摊铺厚度大、平整度好、压实度高、生产率高、可靠性好、功率大、传动系统高低速性能稳定、物料摩擦件寿命长。因此,高技术含量的多功能摊铺机成了各生产厂的攻关课题。在这期间,国外摊铺机制造商推出的先进智能化摊铺机再次冲击着我国市场。智能化摊铺技术首先针对的是高作业质量指标的沥青混凝土摊铺机,同时融合着稳定土摊铺技术。国家 863 计划项目中,将智能化摊铺机作为第一重点产品进行开发和技术提升。国家"工程机械'十五'发展规划"中把提高铺宽 9m 以下沥青混凝土摊铺机技术水平作为"十五"期间科技投资的重点产品之一。因此,我国摊铺机的发展很快又上升到一个新的阶段。我国摊铺机生产厂经过多年的磨炼发展,进入 21 世纪后,有相当一部分生产厂都具有自行研制开发摊铺机的能力,所研制的新型摊铺机性能先进,有些技术还有领先。

陕西中大机械集团有限责任公司研制的 DT 系列的摊铺机,最大摊铺宽度 16m。最大摊铺厚度 50cm、发动机功率 269kW,较好地解决了半刚性基层宽幅厚层和沥青混凝土宽幅面层摊铺的离析问题。三一重工股份有限公司生产的 LTU120F 型摊铺机是国家 863 计划"机群智能化施工机械"课题的关键设备,具有高精度控制功能。徐州工程机械科技股份有限公司生产的 RP1356 智能型沥青混凝土摊铺机,具有机群智能化联合作业和远程监控功能。镇江华晨华通路面机械有限公司研制的 EPC 系列的摊铺机,具有先进的控制技术,自动化程度高,具有自动转向功能。

现在,我国国家级高速公路网和省级高速公路网即将建成,高速公路的机械化养护对养护机械的养护功能和技术等级提出了越来越高的要求。因此,养护机械的市场很快被拓宽,一种用于高等级公路磨耗层预防性养护的同步薄层摊铺机也悄然问世。如北京路桥中咨科技有限公司为了自用和徐州工程机械科技股份有限公司联合研制,于 2006 年生产了一台 RP600S 型洒布摊铺机,是超薄磨耗层施工的专用设备,也可用于新沥青路面的封层作业,是高等级公路预防养护、铺设施工的主要设备。该机的主要结构性能特点是:履带式、全液压驱动、液压伸缩式熨平装置、振捣 + 振动夯实、双螺旋输料、最大洒布和摊铺宽度 6.25m,洒布量 0.2 ~ 1.2L/㎡,发动机功率 165kW。中交西安筑路机械有限公司于 2008 年自行研制了一台 ZT600 型养护摊铺机(图 7-11)。该机主要用于高等级公路磨耗层的预防性养护,既可同步进行乳化沥青喷洒及沥青混合料摊铺的薄层罩面作业,也可分别用作沥青混合料摊铺和乳化沥青喷洒。该机的主要结构性能特点与北京路桥中咨科技有限公司的 RP600S 型洒布摊铺机基本相同,最大洒布和摊铺宽度 6m,有先进的控制系统。

图 7-11　中交西筑自行研制的一台 ZT600 型养护摊铺机

我国已拥有一大批具有自行研制能力和进行批量生产的摊铺机制造厂(公司),年生产能力达到1100～1400台，占据市场主导地位。摊铺机的性能等级已经接近当今世界先进水平，有些地方还有所创新。虽然经过了多年的发展，但是我国国产品牌摊铺机与国外著名品牌仍有一定的差距。相信不久的将来，国产摊铺机必将与国外产品并驾齐驱。

四、国内常见沥青混凝土摊铺机品牌及企业文化

1. 徐工 XCMG 徐工集团

图7-12为徐工集团制造的沥青混凝土摊铺机。

图7-12　徐工沥青混凝土摊铺机

1988年，由国家经贸委牵头，通过技贸结合的方式引进了具有当时世界先进水平的德国S1800、S1700、S1804、S1704、S1502五种型号沥青混凝土摊铺机的生产制造技术。

1992年，国内第一台高档沥青摊铺机S1800在徐工下线，标志全液压驱动技术和电子控制技术的成功开发及成熟应用，为我国路面机械的发展开拓了新的技术空间，技术层次产生了本质性飞跃。

1997年，全球首创稳定土摊铺机技术，成功开发了全球第一台稳定土摊铺机WTU75（图7-13），这一产品的诞生，引导了道路施工工艺的变革，使全球公路建设的效率和质量产生了本质性飞跃。

图7-13　全球第一台稳定土摊铺机WTU75

2000年，国内第一台12m大型高档沥青摊铺机RP800（图7-14）在徐工研制成功，标志我国摊铺机行业在消化吸收国际领先技术基础上的集成创新，把我国路面机械技术提升到新高度，从此逐步形成了自己成熟的技术路线，使我国路面机械制造技术接近世界先进水平。

2008年，国内第一台第四代智能型摊铺机RP1356（图7-15）在徐工研制成功，该产品采用一体化控制系统和CAN－BUS总线技术，精准控制行走、输料、分料、振捣、找平等系统，各系统间传递信息快捷，从而精准高效地控制整机系统，提高摊铺平整度；运用先进的GSM/GPRS和GPS通信与定位技术，可实现摊铺作业管理功能和远程监控，故障诊断和智能服务。该机的基于等振距原理的密实度自动控制技术、螺旋分料抗离析技术、远程智能服务控制、恒温控制等技术均为徐工专利和具有自主知识产权的核心专有技术，全球领先，标志着我国摊铺机拥有了自主知识产权的核心专有技术，徐工摊铺机已进入世界高端摊铺机制造厂商之列。

2008年3月5日，徐工第5000台摊铺机下线。

2. 三一 SANY

图7-16为三一重工生产的沥青混凝土摊铺机。

图 7-14　RP800 型沥青摊铺机

图 7-15　国内第一台第四代智能型摊铺机

3. 陕建

图 7-17 为陕建的沥青混凝土摊铺机。

图 7-16　三一沥青混凝土摊铺机

图 7-17　陕建的沥青混凝土摊铺机

陕西建设机械股份有限公司位于西安，始建于 1954 年，其前身为国家建筑工程部直属企业西北金属结构厂。2001 年，更名为陕西建设机械股份有限公司，2004 年在上海证券交易所挂牌上市。陕建机械占地面积 30.9 万 m^2，拥有各类设备 600 余台套，其中高精尖设备 60 余台套。陕建机械下设工程机械研究院、质量保证部等部门，有 9 个生产车间和 2 个全资子公司。2014 年有员工 1200 余人，其中工程技术人员 200 余人（教授级高工 11 人）、高级技师 15 人。

陕建机械被认定为国家火炬计划重点高新技术企业、西安市及陕西省高新技术企业和陕西省企业技术中心，通过了 GB/T 19001 质量管理体系、GB/T 14001 环境管理体系、GB/T 28001 职业健康安全管理体系和国家 CMA 计量认证，是我国摊铺机国家标准的主要起草单位。

经过多年的发展，陕建机械现已拥有筑养路机械、桩工机械、金属钢结构产品 3 大类、50 余个品种，包括大型沥青混凝土摊铺机、路面铣刨机、全液压稳定土拌和机、压路机、沥青搅拌设备、沥青碎石同步封层机、稀浆封层机、旋挖钻机、水平定向钻等施工机械，以及铁路运架设备、国防战备抢修装备和各种非标钢结构产品，成为我国道路工程机械、桥梁施工设备研发、制造、销售和服务的知名骨干企业。

陕建机械产品广泛应用于公路铁路、航空工业、体育场馆、水利工程、工业厂房、桥梁工程建设等领域，在沈大高速、杭州湾大桥、首都机场、北京长安街改扩建、中朝鸭绿江界河公路大桥等国家重点项目中发挥了重要作用。其中 SCMC—ABG8620、7620 沥青混凝土摊铺机、WBZ21、WB400 稳定土拌和机多次被评为“全国用户满意产品”。陕建机械连续 8 次被评为“全国用户满意服务单位”，先后获得“中国企业管理杰出贡献奖”、“全国建设机械行业技术创新工作先进单位”、“中质协工程机械服务十强企业”等数百项殊荣。

4. 华通动力

图 7-18 为江苏华通动力生产的沥青混凝土摊铺机。

图 7-18　江苏华通动力沥青混凝土摊铺机

公司为新加坡科技动力有限公司下属的合资企业，是我国生产经营路面机械和建筑机械产品的重点企业和骨干企业，为江苏省高新技术企业、外商投资先进技术企业、全国 CAD 应用工程示范企业、国家火炬计划重点高新技术企业、机械工业管理进步示范企业、国家高技能人才培养示范基地、设立国家级博士后科研工作站、省研究生工作站企业和通过 ISO9001 质量体系认证的企业。公司的前身是镇江华晨华通路面机械有限公司（镇江路面机械制造总厂）。

公司所属技术中心为江苏省公路养护机械技术研究中心，专业从事路面机械和建筑机械产品开发研究，具有一支实力雄厚的研发团队，具备较强的自主创新开发能力，已拥有 141 项授权专利。

公司分别先后从日本、澳大利亚和美国引进沥青摊铺机、多功能搅拌设备和滑模式水泥摊铺机的先进技术，并结合我国市场实际吸收、消化、创新，形成摊铺机械、拌和机械、养护机械、混凝土机械和铲运机械五大系列 61 个品种的高新技术产品群。

华通动力发展历程。

1951 年 8 月，由茂昌机器厂、恒泰翻砂厂、镇华机器厂、镇友机器翻砂厂、义森机器厂、茂新机器厂六家私营机器翻砂厂联营组成联营大中机器翻砂工厂。

1954 年 6 月，镇江市人民政府正式批准成立公私合营大中机器铁工厂，成为全市第一家公私合营企业。

1958 年 9 月，工厂更名为镇江通用机械厂，企业为全民所有制性质，以修理内河轮船机件和生产简单的农机具为主。

1958 年 11 月，更名为镇江矿山机械厂，开始制造矿车、卷扬机等矿山机械设备。

1964 年 9 月，矿山机械厂从原江边马路 26 号归址迁入现矿机路六号新址。

1965 年 9 月，省经委、机械厅联合批复，将铸钢车间划出，成立镇江铸钢厂；将维修车间划出，成立镇江机床维修厂；60 年代初生产水利机械水闸启闭机；1965 年 10 月开始设计试制 5BK 型插腿式叉车。

1969 年 3 月，支援人员、设备成立镇江机床厂；1969 年 3 月 15 日，试制成功我国第一台 CPQ0.5 型内燃直叉平衡重式叉车。

1976 年 3 月，划出人员、设备成立镇江叉车厂，开始批量制造起重机械小吨位叉车，

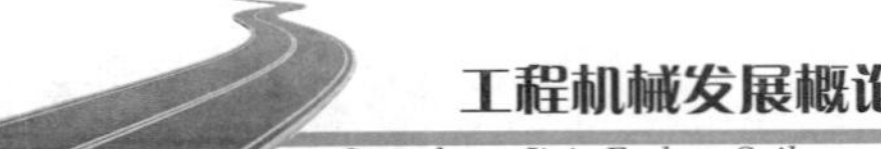

期间还开始制造冷轧带钢机设备。

1980 年 4 月，叉车厂与矿机厂重新合并，保留两个厂名。

1981 年 4 月，市重工业局规划铸造中心，将矿机厂铸造车间并入镇江铸钢厂。

1981 年 7 月，设计并生产 LLB-20 型沥青混凝土连续式拌和机。

1982 年 3 月，集体所有制的镇江锅炉厂并入厂内，1985 年 4 月，锅炉厂划出，迁并给镇江纺织机械厂。

1985 年 9 月，与日本新潟铁工所签订技术引进合同，开始设计试制沥青摊铺机。

1986 年 8 月，镇江路面机械制造总厂正式成立（松散型），由五厂一所组成。

1987 年 6 月，市计经委批复，成立紧密型经济实体的路面机械制造总厂，由矿机厂、发动机厂、机配厂和市机械研究所联合组成，7 月 13 日正式挂牌。

1994 年 11 月，镇江华通机械集团公司宣布镇江路面机械制造总厂正式成立，由矿机厂、叉车厂合并组成；生产摊铺、养护、拌和、混凝土机械等系列路面机械产品。

1999 年 4 月，江苏华通机械集团公司和华晨中国机械控股有限公司共同出资组建镇江华晨华通路面机械有限公司，注册资本 715.43 万美元，华晨占 59%，华通占 41%。

2009 年 4 月，江苏华通机械有限公司与新加坡通勤私人有限公司共同出资建立江苏华通动力重工有限公司，注册资本 1368.8 万美元，新科占 75.3%，华通占 24.3%

5. 戴纳派克 DYNAPAC 戴纳派克

图 7-19 为戴纳派克生产的沥青混凝土摊铺机。

图 7-19　戴纳派克沥青混凝土摊铺机

6. 中联重科 ZOOMLION

图 7-20 为中联重科生产的沥青混凝土摊铺机。

图 7-20　中联重科沥青混凝土摊铺机

7. 沃尔沃 VOLVO

图 7-21 为沃尔沃公司生产的沥青混凝土摊铺机。

8. 西筑 西安筑路 XI' AN ROAD

图 7-22 为中交西筑生产的沥青混凝土摊铺机。

图 7-21　沃尔沃沥青混凝土摊铺机

图 7-22　中交西筑沥青混凝土摊铺机

中交西安筑路机械有限公司是国内领先国际知名的专业筑养路机械研发制造企业，是我国沥青搅拌设备的领先制造商、摊铺设备的主要制造商和道路养护设备的先进制造商，是“世界 500 强”企业、中国交通建设股份有限公司的子公司，总资产 13 亿元。

西筑始建于 1959 年，其前身交通部西安筑路机械厂是交通部的直属骨干企业。成立至今一直致力于道路路面机械产品的研发和制造，我国第一套强制间歇式沥青混合料搅拌设备、第一台沥青混合料摊铺机、第一台稳定土拌和机等都在这里诞生。近年来，西筑依靠三大系列产品的稳健发展，确立了在筑机行业的龙头地位，企业连续多年入围“中国机械 500 强”和“中国交通企业 100 强”，具有国际先进水平的沥青混合料搅拌设备被授予“中国企业新纪录”、“中国公路学会科技进步二等奖”和“中国交通建设集团科技进步一等奖”，在国内高端搅拌设备市场占有率第一；系列多功能摊铺机、稀浆封层机、沥青路面铣刨机、同步碎石封层机、冷(热)路面再生设备等新型高等级公路大型施工和养护的关键设备在国内处于领先水平，多次获得国家、交通部和陕西省的奖励。公司是陕西省高新技术企业，拥有陕西省企业技术中心、公路养护装备国家工程实验室沥青路面再生分室，取得了钢结构制造企业一级资质、皮带输送机制造安装资质。

产品质量和售后服务在市场中享有良好声誉，连续多年荣获“全国用户满意的筑养路机械企业”和“全国铁路建设用户满意的工程机械企业”称号，沥青搅拌设备荣获“用户满意度第一名”。多次荣获全国售后服务“行业十佳单位”称号，产品通过了 ISO9001 质量认证、国际 UKAS 认证、俄罗斯 GOST－R 认证和欧盟 CE 认证。

西筑经过多年的建设和发展,积累了丰富的路面机械设计开发和成批制造经验,建立了科学的管理体系和完善的检测手段,培养了一大批筑养路机械设计、制造、营销和管理人才。西筑不断以市场为导向,以科技创新为动力,加快自主知识产权建立和核心技术研发,已逐步发展成为市场推崇、用户首选、品牌特色鲜明的"中国道路建设与养护工程先进的设备供应服务商"。

图 7-23　福格勒沥青混凝土摊铺机

9. 福格勒 VÖGELE

图 7-23 为福格勒沥青混凝土摊铺机。

维特根集团(Wirtgen Group)是德国一家制造筑养路机械设备及矿山开采设备的跨国公司。其产品以技术先进,品质优秀而享誉世界。

维特根公司成立于 1961 年,总部位于德国的维特哈根(Windhagen),现在正发展成为全世界著名的筑养路机械设备及矿山开采设备研究与制造的跨国集团公司。在短短 50 余年时间,维特根迅速成长为拥有世界 4 大知名品牌——维特根(Wirtgen)、福格勒(Vögele)、悍马(Hamm)、克林曼(Kleemann),55 家分支机构,100 多个全球代理商以及超过 5000 名员工的跨国公司集团,并在美国、中国、巴西和印度拥有生产工厂。

维特根集团产品涵盖冷铣刨机、冷再生机、热再生机、水泥滑模摊铺机、粉料撒布机、露天采矿设备;福格勒沥青摊铺机,悍马压路机,克林曼破碎筛分设备等各种类别。其中,铣刨机、摊铺机和压路机均属于世界前列。

维特根在中国。

随着中国公路网建设的飞速发展,对于创新性道路施工工艺的需求也日益迫切。早在 1982 年,维特根公司生产的铣刨机就被引进中国,并以优秀的产品质量、良好的售后服务及信誉与用户建立了亲密的合作伙伴关系。

随后的多年中,维特根公司研发的一系列筑养路机械,以其先进的工艺,在中国的道路建设中得到了普遍的认可。其中,就地冷再生和就地热再生技术在路面的修复过程中,通过回收、利用旧路面材料再生新路面,不仅降低了成本、节省了资源,也大大缩短了工期,而且特别有益于环保。维特根公司的沥青铣刨料、回收技术已在国内得以广泛应用。

为了在国内市场实现更好的发展,更好地为合作伙伴提供服务,维特根在香港成立了德国维特根香港有限公司,并于 2004 年在廊坊成立了维特根(中国)机械有限公司,作为维特根集团在中国的总部,以及服务于整个亚洲区域的生产基地,从而为维特根遍布各地的设备提供更有力的保障。同时,还在广州、上海、西安成立了分公司、代表处;在北京、乌鲁木齐等地成立了联络处,为了配合维特根一直注重的售后服务,2010 年 7 月 21 日在安徽芜湖设立了具备配件中心、设备大修及新机展示等综合功能的分公司,从而为广大的国内用户提供更快速、便捷的服务。

10. 鼎盛天工 鼎盛天工

图 7-24 为鼎盛天工生产的沥青混凝土摊铺机。

图 7-24　鼎盛天工沥青混凝土摊铺机

第二节　路面铣刨机

一、路面铣刨机的分类及用途

路面铣刨机主要应用于公路、城镇道路、机场、货场、停场等沥青混凝土面层的开挖翻修，沥青路面拥包、油浪、网纹、车辙等的清除；水泥路面的拉毛及面层错台的铣平。

按照铣刨宽度，路面铣刨机可分为大、中、小三种，适用于小面积的路面维修、刮除喷涂标线、铣刨小型沟槽等，一般不带废料回收装置，主要用于道路养护翻修作业。我国目前以生产小型路面铣刨机为主，大中型产品基本上还是空白。

另外，按铣刨形式不同，可分为热铣和冷铣，冷铣由于适用范围广，目前占据主导地位。铣刨机按行走方式不同，可分为轮式和履带式；按铣刨鼓旋转方向与行走方向不同，可分为逆铣和顺铣；按有无废料回收输送机，可分为输送式和无输送式；按铣刨鼓安装方式不同，可分为固定式和移动式。

二、路面铣刨机发展史

路面铣刨机起源于 20 世纪 50 年代，经过多年的发展，积累了丰富的研制、应用经验。随着机、电、液一体化技术的成功应用，其技术参数、整机性能、外观形象等得到突破性进展，形成了以德国维特根（Wirtgen）公司产品为代表的欧洲风格和以美国卡特彼勒公司、Roadtec 公司、CMI 公司产品为代表的北美风格。作为实现路面铣刨的设备，国外铣刨机经历了由热铣到冷铣，由无集料到有自动集料装置的发展过程。如 20 世纪 50 年代，日本研制了 1 号电热式铣刨机，它是在平地机上安装了一个加热装置，后部装备铣刨机，边加热边铣刨，加热宽度为 2m，铣深只有 20mm，工作速度也只有 0 ~ 12km/h。60 年代后，日本又将平地机改装成世界上第一台冷式沥青路面铣刨机，铣刨宽度为 2m、深度 30 ~ 50mm。首台铣刨机出现在 1971 年的德国，这是由维特根公司开发的装有红外预加热系统的小型铣刨机，它的出现开创了道路养护施工的新纪元。到 20 世纪 70 年代中期，全欧洲已有一百多台这样的铣刨机在使用。十年后，维特根公司又开发了带直接收集旧料装置的小

图 7-25　维特根 W2200 型铣刨机

型冷铣刨机。90 年代初，维特根公司的铣刨机在大型化、系统化、液压及控制技术上得到显著提高，其中 W2200（图 7-25）就是冷铣刨技术的典型代表。

意大利的 Bitelli 公司、Madni 公司，美国的 CMI 公司、卡特彼勒公司均在 20 世纪 90 年代初开发了自己的冷铣刨机。目前国外铣刨机市场形成了以维特根公司的产品为代表的欧洲风格和以美国 Roadtec 公司、CMI 公司和卡特彼勒公司的产品为代表的北美风格。区别在于欧洲的铣刨机采用四履带行走方式，外形结构紧凑、精巧，更多地采用电子控制技术；而北美的铣刨机采用的是履带行走方式，造型粗犷、更加坚固。目前，全球范围内冷铣刨机的年产量超过 2000 台；铣刨宽度在 1500mm 以上的中宽型冷铣刨机占 30% 以上；以维特根公司的产量最大，约占总量的 55% 以上；其次为 CMI 公司的产量，约占总量的 13% 以上；其余的产量主要被 Bitelli 公司、Madni 公司、卡特彼勒公司、Roadtec 等公司瓜分。国外铣刨机的工作原理相同，发动机的装机容量基本相当；区别在于欧洲的铣刨机采用四履带行走方式，外形结构紧凑、精巧，更多地采用电子控制技术，特别是目前的数字电子网络控制技术。而北美的铣刨机均采用履带行走方式，造型粗犷、更加坚固。其产品已形成系列化，生产效率一般为 150 ~ 2000m^2/h，铣刨宽度为 0.3 ~ 4.2m，最大铣刨深度可达 350mm。作为实现铣刨工艺的设备，国外铣刨机经历了由热铣（带有路面预加热装置）到冷铣（无需加热路面），由无自动集料装置到有自动集料装置的发展过程。全世界冷铣刨机的年产量超过 2600 台。铣刨宽度在 1500mm 以上的中宽型冷铣刨机占 30% 以上，而维特根公司的产量最大，约占总量的 55% 以上；其次为 CMI 公司，约占总量的 13% 以上；其余的产量被 Bitelli 公司、Madni 公司、卡特彼勒公司、Roadtec 等公司瓜分。

三、我国路面铣刨机的发展历程

国内对沥青路面铣刨机的研究开始于 20 世纪 80 年代，1985 年交通部对沥青路面旧料再生设备进行了立项研究。随后，湖北襄樊公路机械厂及镇江路面机械厂研制出了简单的铣刨机。1990 年，天津市道桥机修厂也研制出了 LZ－1000 型铣刨机，但在当时及随后的 10 年中，我国主要处于筑路的建设中，路面的维护并不显得十分迫切，国产铣刨机因市场容量有限，没有得到相应发展。

到 2002 年，我国公路养护市场对路面铣刨机的需求主要依赖进口，但市场批量不大。2002 年以后，随着 20 世纪 80 年代末和 90 年代初铺建的一批高速公路陆续进入大修期，我国对路面铣刨机的需求明显增加。在这种市场需求下，发展和生产我国自己的路面铣刨机，已势在必行。

自 2002 年以来，国内一些厂家在借鉴国外铣刨机设计和制造的经验基础上，开发和生产了集现代液压传动技术和电子控制技术于一体的路面铣刨机。这些成果在 2002 年 10 月北京举办的中国交通设备展览会上得到了展示。国内已有徐工集团、中联重科、陕建股份、西安宏大、北方交通和西筑等企业可以生产制造铣刨宽度为 2m、最大铣刨深度为 300mm，具有自动切深控制和收料装置的中大型路面铣刨机。其中，陕建股份和西安宏大生产的 CM2000（图 7-26）、CM1900 型路面铣刨机，其整机的结构设计、系统设计以及数字网络控制系统的软件设计都是自行设计完成的。在这些方面不但拥有自主的知识产权，而且达到了国际先进水平。

图 7-26　陕建 CM2000 型路面铣刨机

四、我国路面铣刨机常见品牌及企业文化

1. 徐工 XCMG 徐工集团

图 7-27 为徐工集团制造的路面铣刨机。

图 7-27　徐工路面铣刨机

2. 三一重工 SANY

图 7-28 为三一重工制造的 SM2000C 型路面铣刨机。

3. 陕建 SCMC

图 7-29 为陕建机械制造的 CM2000 型路面铣刨机。

4. 戴纳派克 DYNAPAC 戴纳派克

图 7-30 为戴纳派克生产的路面铣刨机。

5. 中联重科 ZOOMLION

图 7-31 为中联重科生产的 BG2000 型路面铣刨机。

图 7-28　三一 SM2000C 型路面铣刨机

图 7-29　陕建 CM2000 型路面铣刨机

图 7-30　戴纳派克路面铣刨机

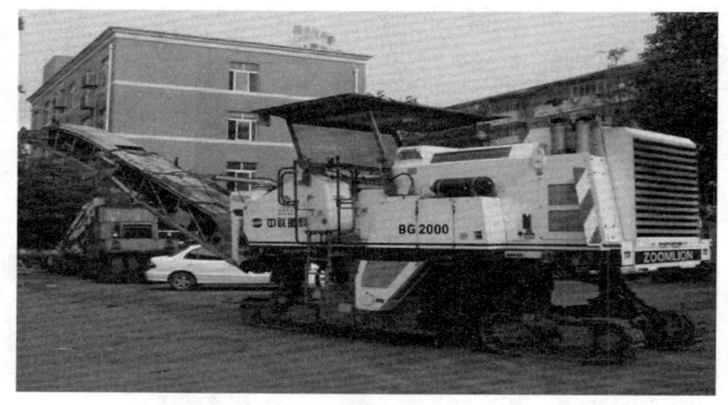

图 7-31　中联重科 BG2000 型路面铣刨机

6. 中交西筑　西安筑路 XI' AN ROAD

图 7-32 为中交西筑生产的路面铣刨机。

图 7-32　为中交西筑生产的路面铣刨机

7. 西安宏大

图 7-33 为西安宏大生产的路面铣刨机。

图 7-33　西安宏大路面铣刨机

西安宏大交通科技有限公司创建于 1998 年，由一批工程机械行业中专业从事道路机械研究的教授、专家和学者创立组成，是我国最早专业从事路面铣刨机研究、设计和制造的高科技企业。公司参与了我国路面铣刨机国家标准的起草工作，并被定为中国公路建设行业协会筑养路机械分会的理事单位。企业通过了 ISO9001:2000 质量体系认证；HD 系列路面铣刨机产品获得了欧盟 CE 认证。

公司总部设在西安市高新技术产业开发区，生产基地位于距西安 20km 的西安沣京工业园内，总占地面积 25000m^2，其中生产厂房面积 4500m^2，办公用房面积 2500m^2。拥有完善的研发与设计机构以及生产系统，仅路面铣刨机产品可实现年产值 5000 万元。

自公司成立伊始，便确定了以高新技术研发立足，以创立中国工程机械品牌立本的生存原则，专注于高端道路养护机械产品的研究与开发，在机械动力学研究、发动机动力匹配性研究、液压传动技术和数字电子控制技术方面获得了一系列专利和科研成果，引起了陕西省、西安市各级科技部门的重视。西安宏大公司于 2006 年被陕西省科技厅认定为高新技术企业，公司生产的 HD 系列路面铣刨机代表了我国路面铣刨机的科学性和先进性，在技术和性能设计方面站到了国内外同类产品的前列，被陕西省科技厅认定为高新技术产品。同年，又获得国家科技部中小企业创新基金扶持。2007 年，陕西省科技厅又将西安宏大的 HD 系列路面铣刨机产品评定为陕西省重点新产品，西安市科技局也将其评定为重点科技成果转化项目。

8. 维特根

图 7-34 为维特根生产的路面铣刨机。

9. 卡特彼勒

图 7-35 为卡特生产的路面铣刨机。

10. 华通动力

图 7-36 为江苏华通动力生产的路面铣刨机。

图 7-34　维特根路面铣刨机

图 7-35　卡特彼勒路面铣刨机

图 7-36　江苏华通动力路面铣刨机

参考文献

[1] 屠卫星. 汽车文化[M]. 北京:人民交通出版社,2005.
[2] 王健,祁贵珍. 工程机械文化[M]. 北京:人民交通出版社,2013.
[3] 祁贵珍. 现代公路施工机械[M]. 北京:人民交通出版社,2011.
[4] 韩学松. 中国工程建设机械五十年[M]. 北京:北京当代世界出版社,1999.
[5] 中国工程机械网[EB/OL]. http://gongcheng. huangye88. com.
[6] 中国工程机械品牌网[EB/OL]. http://www. ccm - 1. com.
[7] 慧聪工程机械网[EB/OL]. http://www. cm. hc360. com.